（英）罗勃·伊斯特威（Rob Eastaway）
杰里米·温德姆（Jeremy Wyndham） 著

巴巴拉·肖尔（Barbara Shore） 插图

陈以鸿 译

写得如此迷人的 **数学** 读物是十分罕见的

三车同到之谜

—— 隐藏在日常生活中的数学

上海教育出版社
SHANGHAI EDUCATIONAL
PUBLISHING HOUSE

目 录

序

我们不是发明数学,而是发现数学.它存在于我们生活的各个方面:严肃的和轻松的,严重的和轻微的.这门学科时常被误解和不合理地被害怕,其实它比任何语言都更简单,更合乎逻辑.当我们凝视夜空,对着美丽而高不可攀的群星感到疑惑的时候,当我们因沐浴而排掉(就我来说是大量的)水的时候,当我们读到足球赛的成绩或者抛掷一枚硬币的时候,数学及其相关科目的知识能帮助我们欣赏和理解,甚至作出预测和为将来作准备.

我从小有三项最大的爱好:板球、流行音乐和天文学.所有这三者都起因于统计学——击球率、乐曲选目和行星的大小及距离,虽然我在当时并没有意识到这一点.这些似乎不相联系的题目所共有的一串数字使我开始从事于三种终生爱好的事业,而且还曾经有过很多别的机会使数字成为一种新的兴趣的基础,不过多年来我在轮盘赌和赌注登记者方面的失利偶然使我希望事情并不总是如此.

最美丽的乐曲可以用数学方法分割开来——因为所有音符相互间具有数字关系,它们的振动是和谐的、融洽的或不协调的——数学上的联系愈纯粹,愈直截了当,声音就愈甜美.我不是说听莫扎特(Mozart)或鲍勃·迪伦(Bob Dylan)的时候必须把计算器握在手中,而且我不相信他们在创作具有情感天才的乐曲时会在脑子里想着每秒钟的振荡数,但是如果说没有一个更高级的人做得到这一点,我会感到非常惊奇的.

罗勃·伊斯特威(Rob Eastaway)和杰里米·温德姆(Jeremy Wyndham)认为这是一本有趣的书,他们的看法是完全正确的.从薯片到撞球,从牌术到保险,从解码到等车,这里每一件事都提醒我们数学是如何支配我们的生存并提高其价值的.

蒂姆·赖斯(Tim Rice)

致　谢

————— •••• —————

　　本书的写作在很大程度上受到马丁·加德纳（Martin Gardner）著作的启发，他在过去 40 年内已经做了大量普及数学的工作了. 我们还要特别感谢提供许多想法的戴维·韦尔斯（David Wells），让我们阅览藏书并利用他在数学游戏方面的广博知识的戴维·辛马斯特（David Singmaster），和以数学专长使我们受惠的马尔科姆·菲尔德（Malcolm Field）.

　　我们必须感激那些费心阅读本书初稿的人们，特别是马丁·丹尼尔斯（Martin Daniels）、史蒂夫·巴斯基（Steve Barsky）、戴维·弗拉维尔（David Flavell）、萨拉·温德姆（Sarah Wyndham）. 也要感谢杰克·伊斯特威（Jack Eastaway）、巴巴拉·布朗（Barbara Brown）、托尼·泰勒（Tony Taylor）、哈罗德·林德（Harold Lind）、乔·莱尔曼（Jo Lehrman）和萨姆·班克斯（Sam Banks）.

　　此外，莱昂内尔·蒂特曼（Lionel Titman）、蒂姆·琼斯（Tim Jones）、克雷格·迪布尔（Craig Dibble）、休·琼斯（Hugh Jones）、达伦·尼科尔斯（Darren Nicholls）、丹尼斯·舍伍德（Dennis Sherwood）、保罗·哈里斯（Paul Harris）、谢里尔·克雷默

(Cheryl Kramer)、理查德·哈米尔(Richard Hamill)、克里斯·希利(Chris Healey)、苏姗·布莱克默(Susan Blackmore)、马丁·特纳(Martin Turner)、海伦·尼科尔(Helen Nicol)、埃玛·拉什顿(Emma Rushton)和迈克尔·巴勒(Michael Balle)给了我们很多有益的帮助.

特别值得提起的是夏洛特·霍华德(Charlotte Howard)对我们的鼓励,同样值得提到的还有罗布森书局(Robson Books)内设想出版本书的每一个人.

最后,谢谢伊莱恩(Elaine)和萨拉(Sarah),因为你们始终是我们的热情而知心的支持者.

为什么好的数学书出现得那么少?这本书是向所有人开启数学大门的少数书之外又一本独特的书.我很乐意把它介绍给每一个人.快去读这本书吧,它将改变你对数学的所有看法.

导　言

-------●●●●●-------

　　数学是迷人的,美丽的,有时甚至是奇妙的.它几乎与我们所做的每一件事情有关,它包含着丰富的话题,足供我们在最激动人心的餐叙中谈论.这可能不是普遍的看法,但这肯定是我们的看法,而且我们希望这也会是你们的看法.长期以来,数学的舆论一直不佳,现在该是为它辩护的时候了.这本书是为乐于提醒自己——或第一次发现——数学是我们生活的重要部分的任何人写的.

　　你有没有问过自己,为什么公共汽车三辆一起来? 你在童年时代曾否因找不到有四片叶子的三叶草而失望过? 当你在离家很远的地方与旧友不期而遇时,你是否因为觉得发生这样的巧事很奇怪而哑然失笑? 诸如此类的事情使每个人感兴趣,它们背后的解释都具有数学的性质.但是数学并不只是回答问题,它还提供新的见解,并且激发好奇心.赌博、旅行、约会、进餐,甚至在下雨天决定是否要跑,都包含着数学的元素.

　　有关通俗数学和趣味数学的书往往看上去是抽象的,使那些离开学校后就不接触数学的人们难以接近.我们试图让数学回归真实的日常生活.因此每一章都从可能发生在任何人身上的问题开始.素材的选择所反映的是我们的个人兴趣,而不是什么伟大的逻辑体系.有些内容是易于阅读的,另外一些则需要略微多思考一下,但是不管你的数学能力如何,这里提供给你的东西将是很丰富的.

你会发现书中有许多关于概率论的实际应用,以及令人惊奇的用到切线、斐波那契级数、圆周率、矩阵、维恩图、素数等的场合.我们希望你和我们一样认为这些题材是发人深思和令人兴奋的.最要紧的是,我们希望你喜欢这本书.

第1章

为什么找不到四片叶子的三叶草?

自然界与数学之间的联系

童年时代的探奇经历之一是找寻四片叶子的三叶草.这是仅次于在彩虹的尽头搜寻金罐的一件美好的事情.遗憾的是这两种探索通常总是以失望告终.对于彩虹的金子是容易放弃的,因为彩虹常常在孩子的好奇心消失之前就消失了,可是对三叶草的探索要使人丧气得多.看来完全有理由相信在某个地方存在着一种含有四片叶子的三叶草.那么为什么在自然界中如此罕见呢?

下一次你到花园中或到农村中去时,花点时间去研究花卉吧.你将发现最常见的花瓣数是5.毛茛属植物、锦葵属植物、三色堇、报春花、杜鹃花、番茄花、老鹳草花……这些仅仅是大量五花瓣类花卉中的一小部分而已.即使看上去含有 10 个花瓣的花,例如红色剪秋罗,也是由 5 个花瓣各自一分为二而形成的.

毛茛属植物有 5 个花瓣

种子的排列中也出现数字 5.最容易找出 5 的模式的方法是把苹果切开.如果通过"赤道"把苹果切成两半(平常切苹果是从"极到极"沿核切下),你将发现种子排列成一个美丽的五角星.切开梨子也是如此.

为什么在植物中含有这个奇数,而在动物中常见的是偶数?(例如腿的数目通常是 2、4 或 6.)为什么选择 5 个花瓣而不是更对称的 4 个或 6 个?

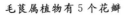

在菠萝中,8 和 13 成

了意味深长的数字

13条螺线   8条螺线

进一步的研究发现植物中特别频繁地存在着另外一些数字.考察一个菠萝或松果,你将看到上面的鳞皮排列成从顶到底的一行行螺线.在这些螺线中,显而易见地可区分出两类:一类是顺时针方向的,另一类是逆时针方向的.在菠萝中,这两类螺线行的数目通常是 8 和 13,而在松果中,典型情况可能是 13 和 21 或 21 和 34.在向日葵中,你也会发现顺时针和逆时针的螺线,这时是在从花心向外排列的小花中.顺时针和逆时针螺线数常常是 34 和 55 或 55 和 89.

曾对大量花卉的花瓣费力进行计数的人们说,8、13、21、34 和 55 是比它们的邻数更常见的数.有 8 个花瓣的花多于 7 个或 9 个的.

一些数比另外一些数出现得更频繁,这并非巧合.事实上,在花瓣、叶子和松果与数百年来已经成为魅力之源的一个数学领域之间存在着迷人的联系.

斐波那契级数

一位意大利人莱昂纳多·斐波那契(Leonardo Fibonacci,1170—1240)以他的姓为一个简单的级数命名.这个级数从 1 和 1 开始,其后的每一个数由它前面两个数相加而得.斐波那契级数可列出如下:

$$1,1,2,3,5,8,13,21,34,55,等等.$$

斐波那契原先是在研究如果他的兔以特定的繁殖率生小兔的话他将会拥有多少只兔这个问题时产生出这个级数的.然而斐波那契级数竟然成了这样一个级数,它与自然界的联系要比简单的兔数深远得多.你可能已经注意到,上述花瓣数和鳞片数都是斐波那契数,叶子数也以 2、3 和 5 为最多.因此三叶草通常含有 3 片叶子,而不是 4 片,是符合这模式的.

但是为什么斐波那契数如此频繁地出现在植物中呢?

这完全要归结到斐波那契级数与一个被古老文明认为具有神圣和神秘性质的特殊数之间的联系.这个特殊数就是黄金比率.

黄金比率

黄金比率,即 Φ,是 $\dfrac{(\sqrt{5}+1)}{2}$.这个数约等于 1.618.作为一个数,它可能并不使你激动,但是它在自然界中是至关重要的.这个比率从属于一个具有独特性质的特定矩形.

Φ 并非仅仅出现于矩形.它也在每一个五边形和五角星中起作用,这意味着你在苹果中也找得到它.

看一下前面在苹果中得到的星形吧.你会发现星的第一和第三点的顶端之间的距离是相邻顶端间距离的 Φ 倍.(至少对于完美的星和精确的尺来说是如此.)

这还不是 Φ 的奇特性质的终极.

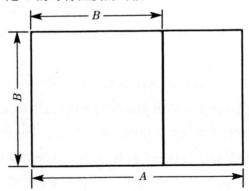

这是边长 $A×B$ 的特定矩形.如果切去 $B×B$ 一块正方形(如图),所得矩形的边长比率与原来相同.这个性质是黄金矩形所特有的.A 与 B 之比是 1.618…,用希腊字母 Φ 表示.

苹果

斐波那契级数中任何一对相邻数的比都与 Φ 相近,例如 $\frac{3}{2}=$ 1.5, $\frac{5}{3}=1.6$,等等.沿着这级数愈往后,两项的比愈接近 Φ.在你获得 $\frac{34}{21}$ 或 1.619 时,这个比值已经与精确值相差不超过 0.1% 了.斐波那契数与黄金比率密切地相互联系着.

现在我们回到植物.在许多植物中,你会注意到从茎上长出的一些叶子.这些叶子通常以不同角度从茎上长出,从下往上形成一条螺线.每一片叶子从它的前一片转过的角度通常在 137 度与 139 度之间.顺便说一下,在花园里迅速地作一实验,可以使这情况得到肯定.从花坛上拔下一棵杂草,你会发现它有 9 片叶子,它们之间刚好隔开 3 转.每两片叶子之间的平均角度约是 139 度.

这个角度具有什么特殊意义?结果将显出它与 Φ 有关,可是为什么呢?它完全与一种植物在它幼年时发生的情况有牵连.每一片叶子和花瓣首先呈现为幼小的芽.芽沿着梗出现,每次一个.每一个芽力图使自己的位置离前一些芽尽可能地远,就像相斥的磁铁一样.所以如此的原因,大概是每一个芽希望得到尽可能多的空间和光照,以利于它的成长.为了达到这个目的,芽的指向就与以前的芽取不同的角度.

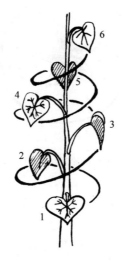

叶子沿花园杂草的茎螺旋形地上升

一个与 Φ 有关的角度恰好特别适宜于使每一个芽与所有以前的芽离得尽可能远.360 度除以 Φ 约等于 222.5 度.顺时针转过 222.5 度相当于逆时针转过 137.5 度,这个角度正是在植物中反复出现的.

进而言之,如果每一个芽长出时从它的前一个芽转过 137.5 度,那么第六个芽就遇到了有趣的情况,如上附图所示.

第四和第五个芽各与它们前面的芽相距至少 50 度.然而第六个芽出现时只与第一个芽相距 32.5 度.你不妨认为第六个芽似乎在第一个芽的荫蔽之下.至少它被荫蔽的程度大于其他五个芽.这意味着第六个芽得到的日光和营养略少于其他芽,这就足以使关于它能否成长的天平发生倾斜.这会不会就是这么多植物止于 5 这个数的原因?是不是许多植物有一个设计好的截止点,使第六

个芽无法形成? 这是一个具有某种魅力的理论,虽然看来没有人
了解它的全部内容.

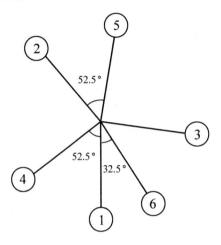

花芽之间的角

前六个芽的位置.注意第四和第五个芽出现时离开前面
的芽至少 52.5°,而第六个芽只离开第一个芽 32.5°.

所有这些只是斐波那契数、黄金比率和数字 5 之间的复杂关系的初步介绍而已.然而它已经告诉我们,植物的设计可能不仅与基因有关,而且与数字同样有关.

与植物的关联是黄金比率在很多世纪以来一直是迷恋和尊崇的源泉的原因之一.甚至古代埃及人已经知道这一比率,吉萨金字塔的表面是由近似黄金矩形的两半部分组成的.

但是还有另一个形状与自然界的联系更加密切.它也包含一个具有一些神秘性质的比率.

π 和圆

圆无处不在,在田野中,森林中,海洋中,天空中.种子、头状花序、眼睛、树干、彩虹和水滴都包含着圆.行星看上去也是圆的,而

且长时间以来它们甚至被认为是作圆周运动的.(事实上行星的运动是椭圆形的,而圆是椭圆族的一个特殊成员.)

圆是常见的,因为它的形状是高效率的,并且它易于作成.如果一头山羊被拴在位于一块地的中央的桩上,这山羊想吃尽可能多的草,那么它吃掉的草的形状将是一个圆.如果你有一定量的围栏材料,并且希望被围面积尽可能大,这时你当然可以把围栏筑成正方形,但要是筑成圆形的话,你将使被围土地增加 25% 以上.自然界有得出最优解的习惯——毕竟它有充分的时间去实践,所以它把圆利用到了极点.

圆的周长与直径之比叫做圆周率,用希腊字母 π 表示.早在《圣经》时代,人们就知道 π 约等于 3.据《列王纪上》7：23,

"他造了一个铸铜海,从一边到另一边的距离是 10 肘尺,通体是圆形的……周长 30 肘尺."

有关 π 的一些奇特事实:

• 用分数线将 113 355 这数字从中间分开,所得比率差不多确切地是 $\dfrac{1}{\pi}$.

$$\frac{113}{355} = \frac{1}{3.141\,592\,9}.$$

• 记住 π 的一个有用的方法是记住"Can I find a trick recalling pi easily?"("我能找到易于记住 π 的窍门吗?")这句英文.各个英文词所含字母数给出 π 的数值到小数点后 7 位:3.141 592 6.记住 $\dfrac{1}{\pi}$ 的方法则是记住"Can I remember the reciprocal?"("我能记住倒数吗?"),结果得 0.318 310,准确到小数点后 6 位.

- 有许多漂亮的级数可用来得出 π.最简单的一个级数是 $\left(1-\dfrac{1}{3}+\dfrac{1}{5}-\dfrac{1}{7}+\dfrac{1}{9}-\dfrac{1}{11}\cdots\right)\times 4$,不过你必须把这级数写得相当长,才能开始接近正确的数值.

- 这个比率在 1706 年首先被威廉·琼斯(William Jones)叫做 π.琼斯是安格尔西岛一个威尔士农民的儿子.

- π 也在许多与圆毫无关系的重要公式中出现,这在以后将会看到.

　　后来有人就利用这段引文,并以《圣经》正确无误为理由,认为 π 必然确切地是 3.可是任何教条和法规都不能抹杀 π 略小于 $3\dfrac{1}{7}$ 这一事实.事实上 π 是一个无理数,就是说它的值是不能表示成用整数写出的一个分数的.

　　任何牵涉到圆的自然现象必然牵涉到 π.然而 π 也能在与圆的联系不大明显时出现.例如 π 出现在计时中.一个从容地摆动的钟摆走过一个循环的时间被下面这首五行打油诗概括得很巧妙:

如果钟摆自由摆动
我总是觉得奇怪
为什么古老钟的
一个滴加一个答
是 2π 根号 L 除以 g

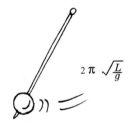

$2\pi\sqrt{\dfrac{L}{g}}$

　　L 是钟摆的长度米数,g 是重力加速度,在地球上约是 9.8 米/秒^2.这公式在任何行星上都适用,又因为 π 在宇宙中到处具有恒定值,所以利用钟摆可以简单地算出一个行星上的重力有多强.1 米长的钟摆在地球上时 1 秒钟 1 个滴或 1 个答,而在月球上时 1 个滴需要 2.5 秒.

18 世纪的生物学家乔治斯·布丰(Georges Buffon)关于物质世界中的 π 的另一发现也是诱人的.如果使一枚针从高处落到画着一些平行线的平面上,平行线之间的间隙正好是针的长度,那么针碰着线的机会正好是 $\frac{2}{\pi}$(约 64%).一百年后,数学家奥古斯塔斯·德摩根(Augustus de Morgan)让他的一个学生测试了这一结果.这位学生使一枚针落下 600 次,结果 382 次碰着线,所得 π 值是 3.14,可以说准确得可疑.但是如果你被困在荒岛上,要想尽可能准确地计算 π,你可以有一个很怪的估算方法.你只要找到一根棒,并在沙上画出一些线,你需要做的事情就是计数了.提醒你一下,为了保证准确到 3 位小数,你必须使棒落下几万次.

发生这情况的机会是 $\frac{2}{\pi}$

为什么动物没有轮子

虽然圆在自然界中是重要的,但是有一个地方显然不存在圆.圆的最实际应用之一是人类的一项空前伟大的发明,即轮子.为什么轮子是圆的? 一个理由是圆具有均一的直径,所以被移动的重物一路行去完全平稳.然而圆并不是具有恒定直径的唯一形状.我们从一个等边三角形开始,以每一顶点为圆心作一个圆弧,经过另外两顶点.结果得到一个具有恒定直径的形状.这形状同样可用作滚子,但不能用作轮子,因为轮子需要轮轴.

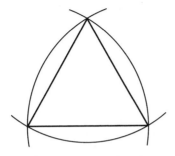

具有恒定直径的曲线三角形

圆比起其他恒定直径的形状来所具有的优点是圆心与圆周上每一点是等距离的.这意味着它的轴能处于同一位置.三角轮的轴则会上下移动,使这种轮没有实用价值.

轮子的最大好处是节能.如果把一块石头沿地面推动,石头与地面的摩擦产生摩擦力.然而轮子则几乎完全不摩擦地面.这是因为轮子运动时它与地面接触的那部分是暂时静止的.

为什么 50 便士硬币有 7 条边？

任何具有奇数边的规则形状——三角形、五边形、七边形等——可以通过将边变成圆弧形而成为具有恒定直径的形状.

50 便士硬币有 7 条圆边,所以它具有恒定直径.因此它可以取任何方向投入投币机而通过 50 便士检查.如果它具有偶数边就不行,因为直径不可能是恒定的.这就是任何现代通货中的硬币不是圆形就是具有奇数边的原因.

火车轮子之谜

行进中的火车的哪一部分总是静止的,哪一部分总是以与火车本身相反的方向运动?

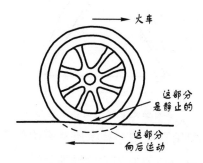

静止部分是车轮与铁轨的接触点.向后运动的部分是凸缘在铁轨平面之下的部分.

但是既然轮子如此有效,为什么我们在动物身上找不到它们呢?动物似乎已经从圆获得了别的每一种可能的好处,可是为什么我们看不到大袋鼠用两个轮子在澳洲沙漠上巡游,而只看到它们用腿费力地向前跳呢?最可能的原因是轮子需要轮轴;如果轮子成了动物身体的一部分,那么动物也就需要轮轴.轮轴必须负担着肌肉和血管,转过两圈之后,它们将会变得可怕地扭曲起来.

同时,对于轮子来说如此有用的易于滚动的能力,对蛋来说成了不利条件.蛋通常具有圆形截面,因为任何鸟类生方蛋是要出眼泪的.但是如果蛋是球形的,则将成为不利条件,因为这样一来,它会太容易地从母体滚走.当你轻轻地使一只鸡蛋在地板上滚动,你将发现它像飞镖一样回到你身边,它的运动看上去令人不信地像一个圆!

蜂窝和六边形

还有一种情况,圆在那里是不理想的.圆的周长与所围面积具有最有效的比率,但是如果把一些圆堆叠起来,将浪费很多空间.

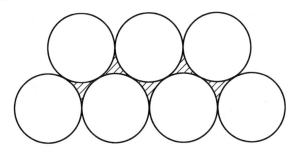

圆的堆叠显示无用空间

有效包装和强度是自然界中特别重要的性质,这在蜂房中表现得最清楚.如果一堆圆筒像在图中那样排列,并被挤压,这些圆的形状会改变成紧密地包装起来的六边形网络.蜜蜂采用这种形状,并非巧合.蜜蜂无疑会喜欢为自己建造圆形的巢室,因为圆具有高强度,可是蜜蜂也不愿意浪费空间和蜂蜡.六边形是理想的方案.一个正多边形的边数愈多(即多边形的阶愈高),则对给定周长而言它所能包容的面积愈大.六边形优于正方形和三角形,但是逊于七边形、十边形或圆.然而六边形是能用来铺地砖而不留空隙的最高阶的正多边形.这就使得六边形的排列成了利用最少材料产生最强力量的结构.

完成自然界的圆……

蜂房中的六边形还有一个最后的奇特之处.

蜂窝中的巢室用 A、B、C、D…标明,如下页图所示.假定一只王蜂要巡视两行蜂窝中的几个巢室,并且总是从左向右行动.这只

蜜蜂从巢室 A 出发.从 A 到 B 只能有一条路.从左向右行动时,从 A 到 C 有两条路.一条是从 A 直接到 C.另一条是 $A—B—C$.现在来考察巢室 D.这只蜜蜂可以走 $A—B—D$,$A—C—D$,或 $A—B—C—D$,即共有 3 条可能的路.到巢室 E 有 5 条可能的路,到巢室 F 有 8 条.

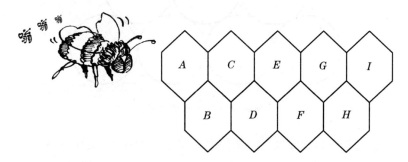

这里出现了一个模式:1,2,3,5,8…,我们又回到了斐波那契数!一切事物最终必然回到出发点,这其实是很自然的.

第2章

我该走哪条路?

从邮递员到出租车司机

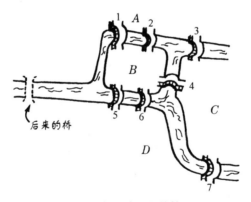

1763 年的哥尼斯堡桥

在楔入立陶宛与波兰之间的波罗的海沿岸是俄罗斯的一个地区,称为加里宁格勒州.大家知道,加里宁格勒城是一个荒凉的工业港口,这城市在第二次世界大战中曾先后遭受盟军炸弹和俄军的毁损,那些劣质的灰色公寓是在战后仓促地建成的.这里过去叫哥尼斯堡,这座美丽的普鲁士城市没有遗留下什么.这不仅使建筑爱好者们而且使怀旧的数学家们感到悲哀,因为历史上最伟大的数学家之一伦哈德·欧拉(Leonhard Euler)曾经利用 18 世纪的哥尼斯堡城市布局解答了一个难题,终于对两个数学新领域即拓扑学和图论作出了贡献.

哥尼斯堡建造在普雷盖尔河岸上.7 座桥连接着两个岛和河岸,如上页图所示.

居民们一项普遍喜爱的消遣是在一次行走中跨过全部 7 座桥而不许重复经过任何一座桥.那时他们知道怎样娱乐自己.

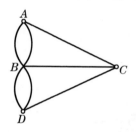

哥尼斯堡桥网络

这一看上去好像简单的事情,结果被证明为非常复杂.我们想象一下一个哥尼斯堡人在星期天下午出去散步时一次次失败的情形."1,2,3,4,5,6,…不行! 1,5,7,4,2,3,…雷打的,还是不行!"事实上没有人能解答这难题,而当欧拉第一次听到它并对它感到兴趣时,他就着手证明它不可能有解.

欧拉分析这问题的方法是把桥的地图变换成网络图.

拓扑学(或"伦敦地铁实际上看来像什么?")

每个人都经历过"拓扑学",而不一定了解它.最好的例子是伦敦地铁图,它是现代宏大设计之一.任何旅行者跟踪这图都没有困难."循棕色线到牛津马戏场,然后改循蓝色线,经过两站到维多利亚."

这个由直线和均匀分布的接合点组成的简洁网络与城市地铁线的实际布局看上去几乎没有相似之处.如果你在正规的地图上勾画地铁路线,它好像一只难看的蜘蛛,张开着腿,在右下角几乎没有什么.但是对旅行者说来,重要的只是车站和管线交点的次序.似乎是把真实的地图画在了橡皮上,然后经过挤和拉,直到它具有一个较便利的形状为止.这就是拓扑学.

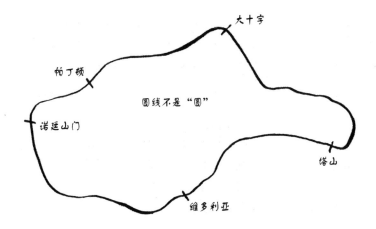

网络是由一些线将一些点连接而成.初看起来,上图也许不像前面的图,但是用数学术语的话,它们是完全等价的.这就是说,它们是拓扑等价的(参阅前面的楷体文字).

标明 ABCD 的点分别代表河的北南两岸(A 和 D)和两个岛(B 和 C).线代表将 A、B、C 和 D 连接起来的路或桥.两座桥连接 A 和 B,两座连接 B 和 D,一座连接 B 和 C,一座连接 A 和 C,一座连接 C 和 D.

欧拉把一个点或结点描述为"奇"的或"偶"的.如果出自一个结点的线的数目是奇数,这结点就是奇的,如果线的数目是偶数,这结点就是偶的.欧拉不仅研究了哥尼斯堡桥,还研究了许多别的网络,结果证明:

要走完一条路线而其中每一段行程只许经过一次,只有当奇结点数是 0 或 2 时才是可能的.在所有其他情况下,如果不走回头路,就不能历遍整个网络.

他还发现:如果有两个奇结点,那么经过整个路线的行程必须从一个奇结点开始,到另一个奇结点为止.

哥尼斯堡难题终于有了一个证明.A、B、C 和 D 四个结点都是奇结点,所以根据欧拉第一规则,没有一条路能解决原先的问题.

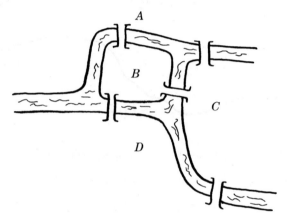

今天的加里宁格勒(哥尼斯堡)桥

19 世纪后期,在前面第一幅哥尼斯堡桥图(第 15 页)上标明的地方造了第八座桥.不清楚城市长者们建造这座桥是为了改变旅行者面临的城市难题,还是由于紧迫的交通发展情况,但是结果是哥尼斯堡被欧拉化了.现在可以走完全程而没有一处第二次走回.理由是奇结点数已被减到 2,不过根据欧拉第二规则,这时任何走这路线的人必须从 B 出发到 C 为止,或相反.

可悲的是,1944 年的空袭毁掉了大多数旧桥.然而从其后的通用地图可见,河上重新建起了 5 座桥,使城市中心形如上图所示.

看来加里宁格勒又一次被欧拉化了,例如走 B—C—A—B—D—C 的路线.俄国人是故意这样做的吗?

邮递员只经过一次

哥尼斯堡研究者们解决欧拉路线问题只是为了趣味而已.然而在许多情况下,不走回头路具有更重要的关系.

纸笔难题

这难题一直是儿童们很熟悉的.下左面是一幅农场大门的图.如果笔不离纸,又不重复经过任一条线,有没有可能画成它?

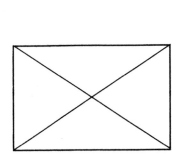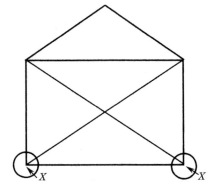

既然你知道了欧拉规则,你就能证明不可能画成这图,因为有 4 个奇结点.然而只要把这难题变成上右面的形状,就可能画了,如果你从标明 X 的两个奇结点之一出发的话.

对于邮递员或煤气抄表员来说,不走回头路可能意味着节约可贵的时间.

在现代世界,效率就是一切,所以管理者们利用欧拉来帮助他们走捷径.来自以色列的一个很好的例子是,电力总公司的一个分支机构想要改进抄表员的效率.一个地区内的抄表工作需要 24

个人,每人负责整个街区的一部分.管理部门着手找出一个缩减需用人数的方法.

这问题的研究者们为每一个抄表员调整了走街方案,即把尽可能多的奇结点变成偶结点.结果使路线组合有效得多,使走遍整个街区所需时间惊人地减少了 40%.这时抄表员只需要 15 个人了,这无疑将使其余 9 个人诅咒欧拉发现哥尼斯堡的那一天.

或许任何一种有导游的旅行的组织者也对欧拉路线感兴趣,尽管他们并没有意识到这一点.在游览一个热闹的城镇时,每一名导游都不想把一群旅游者带回他们已经走过的街道上去.在一所豪宅中,当走廊太狭,容不下两队人来往行走时,这问题尤其突出.大多数住宅参观都严格地是单方向的!这情况影响着导游利用哪些门,哪些门则不开启.

对于扫街车来说,因为要分别清扫道路两边的沟而正好必须经过每条路两次,这问题变得更加复杂.如果有些道路是单行道,就特别棘手了.但是用了欧拉规则的高级形式,所有这些问题都能够分析清楚.

货郎

扫街者、邮递员和导游都试图避免重复走同一段路,即他们都在寻求欧拉路线.还有一种稍微不同的路线,叫做汉密尔顿(Hamiltonian)路线.汉密尔顿路线是这样一种巡行方式:每一结点只到达一次,但不一定每段路都用到.

这里有个例子.假定马克(Mark)出售纺织机,他有三个可能的顾客在他的县里.今天他想到他们那里去.他们的所在地如下页图所示.马克有所选择.他可以走 ABC, ACB, BAC, BCA, CAB 或 CBA.事实上它们都是汉密尔顿路线,因为马克到达这网络每一"结点"

都正好一次.但是马克有一个特别的问题.他要知道这些路线中哪一条最短,以便缩短行程,与顾客在一起尽可能多待些时间.①

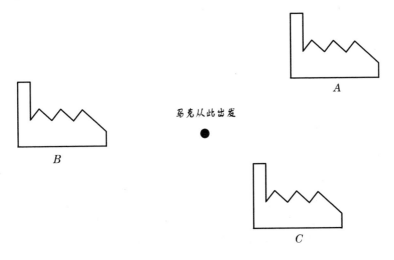

马克遍访他的顾客的最短路线是哪条？

为访问三个顾客,马克有 6 条可能的汉密尔顿路线供他采用.6 是很小的数,他可以就每一路线很快地把到每一目的地的距离加起来,从而确定最短路线.

找出路线数的最快方法是数出结点数,这里是 3,然后将降级数相乘:$3 \times 2 \times 1$,这也称做 3!（或 3 阶乘）.假如有 4 个顾客,则得 $4 \times 3 \times 2 \times 1$,即 24 条不同的路线.

感叹号用作阶乘符号是合适的,因为当被访顾客数增加到 10 时,可选用的不同路线是 10!,即 3 628 800.不用计算机是不可能查出哪条路线最短的.而且路线数以非凡的速率逐步上升.只要有

① 最一般的问题是每一目的地正好到达一次,无论哪里是最后一处.马克的情况是特例,因为他在走完这路线后还要回家,所以在到顾客处去的路程外还要加上最后一段路程.

20 个顾客,这数字就大得(大于 10 乘百万的 4 次幂)甚至一台正规的计算机都不可能计算每一个选择.如果需要送包裹到 60 个顾客那里去,路线的选择是天文数字.

迷宫

迷宫和迷路大约从古希腊时代起就有了,可能还要早些.今天它们比过去任何时候都更加流行.英国最著名的是汉普顿庭院(Hampton Court)迷宫,这要远溯到 17 世纪后期.下面是一幅迷宫图.

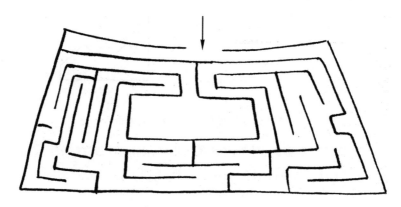

迷宫有两类:"单连通的"和"多连通的".汉普顿庭院是单连通的.这意味着只要把一只手放在一面墙上(选择右墙或左墙),用这手巡行,一直不与墙失去接触,就能解决问题.这并不保证到中央的路线最短,但是你最后总能到达那里.

多连通迷宫包含相互独立的几个部分,就是说这些部分之间没有连接墙.这意味着单手法不起作用.你进出迷宫而不到达中央.从 19 世纪后期起,就有一个解多连通迷宫的一般方法,但这方法太长,这里不便描述.(不管怎样,难道这不是有点扫兴吗?)

所以与欧拉路线不同,听起来简单的寻找环绕汉密尔顿路线的最短距离的问题,事实上是很难解决的.这完全是因为,即使数目小,阶乘计算会变得很大.事实上,数学家们还没有为货郎问题(马克问题的通称)找到一个通解,以保证找出经过一系列目的地的最短路线.

这看来不仅对货郎,而且对送啤酒到酒店去的酒厂,出诊看病的医生,事实上对任何出外购物的个人,都像一个打击.几乎每人浪费掉一些汽油或一些时间,因为最优解常常是难以找到的.

幸而并非毫无希望.有许多技术使货郎能走一条大概接近最优的路线.其中之一是人类本身的常识——根据目测拣出的经过10 个目的地的路线很可能在最佳距离的 20％ 以内.

要得到更大的准确度,需用计算机.计算机程序编制员有许多技术可用,不过它们都不易描述.或许以通常所谓贪婪算法为基础的那种是最简单的.以下图中的网络为例.

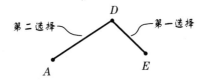

$$B \qquad\qquad C$$

找出连接 A、B、C、D 和 E 的最短路线

计算机找出相距最近的两个结点(这里是 D 和 E),将它们一起放到路线上.然后它找出次近的一对(A 和 D),把它们连接起来.如果在任一点它发现最近的一对产生闭圈,像上图中连接 A

斯特林的不可信近似

在 18 世纪,詹姆斯·斯特林(James Stirling)得出一个估计 $N!$(N 阶乘)的看来惊人的公式:

$$\sqrt{2\pi}\ N^{\left(N+\frac{1}{2}\right)}\ e^{-N}.$$

关于这公式,有两点是有趣的.第一,惊人地准确——阶乘大于 10 时,在正确答案的 1‰ 以内.第二,出于不清楚的原因,它用到了两个重要的数"π"和"e"(参阅后面第 156 页).

帕斯卡三角形和曼哈顿出租车

帕斯卡三角形(Pascal's triangle)是一个美丽的数字模式,通常在中学低年级教.三角形如下左图所示:

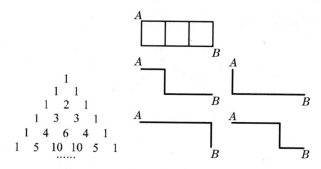

```
            1
          1   1
        1   2   1
      1   3   3   1
    1   4   6   4   1
  1   5   10  10  5   1
         ......
```

要得出三角形中的一个数字,只需将它上面两个数字相加(边上数字除外,它们都是 1).

帕斯卡三角形出现在许多真实生活情况中,包括曼哈顿街道.当街区内的道路形成棋盘式时,出租车司机要选择以最短距离到达目的地的路线.例如在上右图所示的 3×1 棋盘式街道中,出租车要从 A 到 B.它有 4 条可能的路线,长度都相同.

如果行车路线是要经过一个 2×2 的棋盘式街区,出租车可有 6 条路线,每条的长度都恰好是 4 条街.

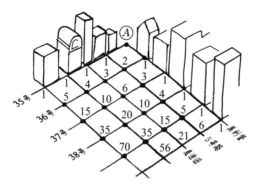

事实上,可用的最短距离路线的数目总是帕斯卡三角形中的一个数字,如果你注意从 A 点(这里美利坚路与 35 号街相遇)驶往另外任一联结点的司机可采用的路线(这里我们不考虑单行道的存在!),它们之间的关系就变得很清楚了.注意这时环绕矩形的路线的选择是如何导致帕斯卡三角形的.在第1章,环绕六边形的路线的选择导致斐波那契数.

和 E 的结果就是如此,那么计算机放弃这一选择,寻找下一个最近的对(A 和 B).它继续这样进行下去,直到每一结点都在一个完全的路线内与另外两个结点连接为止.对大多数网络而言,这一技术大概会产生在最短可能距离的 10% 以内的结果.但是不能保证获得最短路线.

曾经设计出更好得多的技术,保证在 98% 的时间内计算机能找到最短路线.新技术随时出现,现在还能希望"生物计算机"利用各种东西的脱氧核糖核酸(DNA)会提供一种解决网络问题的极端有效的方法.然而数学家们喜欢完美地解决问题的能力的纯粹性,而不考虑任何实际应用.这就是货郎问题成为这样一个难题的原因.

第 *3* 章

多少人观看《加冕街》？

大多数公众统计资料从调查中来，但它们的可靠性如何？

　　按照报上公布的官方数字，1997 年 9 月 29 日有 1 680 万人在看电视片《加冕街》.这大约是英国人口的四分之一，人数很多.

　　可是等一下：他们是怎么知道的？ 是否有人来问过你，你是不是在观看这部片子？ 是否有侦探通过每人的窗户进行窥视？

是否独立电视公司有某种设备用来检测多少电视机正在通过以太接收他们的信号？幸而老大哥[1]并未在注视你．独立电视公司是利用数学得知多少人观看这节目的．1 680 万这个数字是由抽样数学产生的．

抽样是通过询问少数几个人来估计有多少人在做某件事情的一门科学．严格说来，抽样不能保证产生真实的答案．要是独立电视公司想精确地知道多少人在特定的晚上正观看着《加冕街》，他们除了监控国内每一人家以外，别无他法．然而这样做的成本将远远超过他们的预算，所以这不是认真的选择．其实有谁想获得精确的答案呢？假如观看的人数实际上是 1 660 万而不是 1 680 万，这节目仍旧会播放的．在我们每天用到的统计资料中，许多（即使不是大多）不必达到高精确度．只要做得恰当，小样本能产生非常准确的估计．

取样是大业务．单单在英国就有几百家研究公司，它们查明我们吃什么，我们看什么，我们到哪里去旅游，我们都是怎么想的．那么抽样是怎么工作的呢？

面对着 5 600 万人，你不必全都问到，而只要问其中一小部分，就能获得极接近于正确的答案．至少当样本足够大，并且具有适当的代表性（以避免偏差）时，答案将是极接近的．

然而要紧的是，回答者必须讲真话……

说谎的数学

在大多数调查中，回答者没有说谎的特别理由．如果有人被

---

[1] Big Brother，英国小说家乔治·奥韦尔（George Orwell，1903—1950）所著《一九八四》中极权主义国家的统治者，他无处不在，并进行着监视．——译者注

问:他们在上星期是否买过一罐烤豆,他们的回答大概是诚实的,即使可能不准确——毕竟记忆会玩一些奇怪的游戏.

然而在其他场合,存在着说谎的情况,民意测验者要是不加注意,是危险的.如果向任何人问起与他们的收入、性活动或近年来冒出的政治问题等有关的资料,必须时刻对他们的回答感到怀疑.大家知道,在 1992 年大选中,投票问题曾使许多市场研究机构感到困惑.选举广播开始时,在接近选举日的时期内的民意测验结果被用来自信地预测工党会在选举中获胜,但是议会中将没有多数党.

然而他们不大知道,调查中忽视了对数字的严重歪曲.看来在投工党票的人乐于透露他们支持了谁的同时,许多保守党人不大愿意承认事实.托里的支持者们觉得承认投托里的票会使他们显得自私或贪婪.有些投托里票的人说他们将投工党的票,另外一些

选举说谎? 证据

1992 年大选前进行的每一项民意测验都低估了保守党的票至少 4.5％,甚至以已经投票的人为基础的 NOP/BBC 出口民意测验,也产生低估.结果是:

	保守党	工党	自由民主党
NOP/BBC	40％	36％	18％
实际结果	43％	35％	18％

所用抽样技术表明保守党票数应在 37% 与 43% 之间.实际结果勉强在这范围内.由此可得出三种结论:或者民意测验者在他们所选样本内不幸运;或者这样本不是一个公正的公众代表;或者被问个人讲的不是真话.

人干脆拒绝回答民意测验者.所有这些意味着所报告的数字是错误的,事实上的错误是,在选举最后结果被公布时,投托里票的人不仅在选举中获胜,而且他们以明显的多数票获胜.

然而并非所有谎话都是意在欺骗别人.有时人们说谎是为了欺骗自己,因为对自己承认事实可能是痛苦的.例如在观看电视时就有这样的情况.公众中有人发现自己在上星期中看了 35 小时电视,他可能不准备承认自己是这样一个懒汉,所以他就在标明 21 ～30 小时的方框内打"√".

研究者在什么场合能够用数学方法证实他们收到的回答不是真实的呢,一个有趣的例子是很多年前对男人和女人的性习惯的调查.作为这调查的一部分,回答者被问及他们和多少个不同的异性睡过觉.男性的平均回答是 3.7.女性的平均回答是 1.9.因为这项调查是在一个大的有代表性的样本上进行的,这两个问题的回答本来应该相同.毕竟如果一个男人和一个女人睡觉,那么这女人也就和这男人睡觉,所以两边各加一.研究者们所得结论是男人倾向于夸大他们有过的同睡者的数目,而女人则宁可把这数字减小一点……①.

统计学家们需要设计合用的技术来证实由说谎造成的歪曲,然后把它消除.

为了帮助研究者们获得对棘手问题的回答,已经设计出一些

---

① 这不是唯一可能的解释——例如,可能双方都夸大或低估.另一种解释是女人觉得她们的经历更容易忘记.

数学技巧.在越南战争期间,美国官方需要知道多少士兵吸毒.谣传吸毒者很多,所以必须查明究竟这是否是事实.然而没有一个理智的士兵愿意承认吸毒,因为这是犯法的.那么研究者们如何能获知真相呢? 他们用了类似下述的一种技术.

研究者有一个袋,里面放三张卡片,他向士兵出示这袋.这三张卡片是:

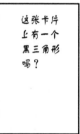

士兵将手伸入袋内,随意取出一张卡片,不给研究者看.然后他在研究者的答题页上勾出"是"或"否".

如果他勾出"是",这或许是因为他抽出的卡片上有黑三角形,或许是因为他抽出的卡片上有毒品问题,同时他承认自己吸毒.研究者不能知道是哪种情况,所以士兵不能被处罚,这意味着他应该是较倾向于诚实的.

于是聪明的部分来了.假定研究者用这方法采访了 1 200 名士兵,调查结果有 560 人对卡片上的问题回答"是".在 1 200 人中,平均有 400 人抽出上面有三角形的卡片,400 人抽出没有三角形的卡片,400 人抽出毒品问题卡片.这意味着在 560 个回答"是"中,约 400 个是回答三角形问题,其余 160 个是回答毒品问题.因此最好的估计是 400 名士兵中有 160 人吸毒,即 40%.

这是市场研究者会做的事情的一种简化,而且这里的数字是虚构的.不过这种调查方式曾被用于美国士兵,结果发现许多美国士兵的确曾在战争中服用违禁毒品.

是否问过足够的人?

"在最近一次测试中,80％的猫主人说他们的猫喜欢吃毛爪饼干."这话听来印象深刻,如果你是猫主人,你会在看见货架上有这产品时想尝试一下.但是如果你现在知道这项"测试"的对象实际上只有 10 个猫主人,你得到的印象必然浅得多.

认为在每一组 10 个猫主人中恰好有 8 个人爱好毛爪饼干,这种想法是夸大的.事实上,如果研究者们重复这项测试,结果会不断改变.他们得到的结果可能是 20％,50％,30％,0％,80％.最后一个结果使他们可以真实地说"在最近一次测试中,80％喜欢毛爪饼干".

毫不奇怪的是,被调查的人愈多,答案接近正确的可能性愈大.调查 100 个人应该比调查 10 个人准确,1 000 个人还要更准确.取极限,如果全部居民都被采访,那么结果一定是完全正确的.

需要取多么大的样本才足够呢? 这要看你认为什么叫足够,还要看你测试的目的是什么.在大多数日常调查中,例如民意测验或者测试有多少人看过一则广告,问 1 000 个人通常就足以得出准确到 5％以内的结果.

然而有例外.在 20 世纪 30 年代,美国官方要想检查一种脊髓灰质炎疫苗的效力,有 450 名儿童被注射了这种疫苗.680 名没有被注射的儿童(与测试组来自同一背景)作为对照组被监控.过后不久,脊髓灰质炎严重地暴发.450 名被注射过的儿童都没有得这病,680 名未受保护的儿童也都没有得这病.结果这实验根本没有证明什么.甚至在严重暴发时期,脊髓灰质炎的传染率也是如此地低,以致研究者们需要几千人的样本,才有可能发现对照组中有人得脊髓灰质炎,从而使实验产生有意义的结果.

统计学家们有一个精确的说法,表明他们如何相信一项调查的结果.假定在猫食调查中,80％说他们的猫喜欢毛爪饼干.表达这结果的正确统计方式是一个范围而不是一个精确数字.如果1 000个猫主人被调查过,那么统计学家会说:

"真实数字在77％到83％范围内,置信度是95％."

这种陈述是容易误解的.引号内的话的意思是:"我们说真实值在77％与83％之间,这可能是正确的——但是答案在这范围之外的机会有二十分之一."

对于用小样本来"证明"结果的某些骗局,公众已经聪明得多了,但是骗局仍在进行.管理咨询公司对当前营业的动向不断进行调查,并发布新闻稿,声称诸如"70％的公司认为出口是成功的钥匙".

由于他们在这些调查中取的是小样本,如果他们说"我们相信50％到90％的公司认为出口是成功的钥匙",就比较诚实了.但是任何报纸当然不愿意登如此乏味的消息.

普通人有没有被抽样?

调查已经进行.已经取了大样本,已经用了聪明的技术来保证所得结果是真实的.可惜这还不足以肯定调查结果是准确的.所取样本还必须对全体居民具有代表性.

一家大的市场研究公司被委托测试出公众对一种新产品的反应,这产品是烤豆加猪肉香肠的罐头.他们选择了伦敦的一个区,它便于查找,收入水平有代表性,年龄组是混合的.它在各方面

望远镜和抽样误差

数学家高斯(Gauss,1777—1855)也是一位出色的天文学家.他得到一具新望远镜,决定用来更准确地计算月球的直径.他惊奇地发现,每测量一次,所得答案总略有不同.他把结果标绘出来,发现它们形成一条铃形曲线,大多数结果接近中央平均值,但是有一个偶然的结果很不准确.

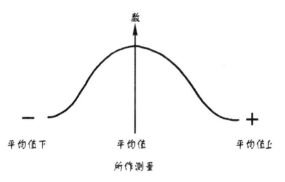

高斯很快明白,他所作的任何测量都是"样本",易于出错,但可用来估计正确答案.他取的读数愈多,平均值愈接近正确读数.他证明读数中的误差属于一条曲线,这曲线的复杂公式也含有 π 和 e.它们又来了!

都不偏不倚,唯独一个例外.这个区恰巧是戈尔德斯格林.这里居住着很多犹太人,他们不大喜欢猪肉香肠.

样本有多大并无关系,只要有偏差,那么不管采访多少人,这偏差就不会消失.市场研究的重大技巧之一是找出代表全体居民的样本.

一个取随机样本的通用方法是按照电话簿取出名单中每第一百个人.这是廉价的抽样方法,而且利用电话调查去找出例如哪一种商标的谷类食物在一般公众中最流行,是完全正确的.然而用这种调查去查明人们有什么职业,则不妥当得多.谁更可能用私人电话回答问题：一个全天在家的母亲还是一个城市律师？城市律师的办公时间大概长得使你发现他们在家的机会几乎等于零.有些职业在电话簿里是严重地未被充分代表的.举一个极端的例子：多少电视节目主持人在电话簿里有名字？

偏差会出现在所有各种意想不到的领域.护士时常为病人号脉 20 秒钟,然后推算出 1 分钟的脉搏.护士事实上是在取样,很可能所取样本并不代表病人的正规状态.一个具有吸引力的女护士在握住一个健康的男青年的手腕时,会产生极端失真的脉搏,特别是在最初 20 秒内.如果病人是神经质的,而且刚刚被告知可能有些症状的话,这也会导致有偏差的结果.

另外一种易于出偏差的调查是用来编制流行音乐选目的那种.或许你甚至不知道这些唱片选目是抽样的结果.编目者不去监控国内每家商店销售激光唱片的情况,而只指定一些商店作他们调查对象的一部分.这些店中所售出唱片的数量被加在一起,从样本所得结果经过推算,就产生全国数字.

　　不奇怪的是,出售选目的商店是立誓保密的,因为唱片公司要是知道哪些商店被用于选目,会立即派出工作人员到这些商店去购买唱片.这将使选目中它们的纪录上升,从而造成更大的覆盖度,而从更大的覆盖度获得真正的销售额.在流行音乐界,几乎一切都是欺骗.

　　这就是为什么(人们断言)唱片公司玩着大型间谍游戏,目的是试图发现哪些商店被用来编目.一家唱片公司用了一种虽然不正当可是特别聪明的手段,就是假装对唱片商店进行着市场研究.

　　他们问:"你对编目者不断从商店获取信息的方式感到满意吗?"如果商店没有意见或者不懂这问题,这意味着他们与选目无关.如果他们表示了好或坏的意见,或者说"我们是不好评论的",这说明他们对有关事情有所了解,而且这商店几乎肯定是一家选目店.这些商店在回答一个问题的时候,无意中回答了另一个更重要的问题!

第 章

为什么聪明人把事情搞错?

有时经验和智力可能是不利条件

　　这是一个美好的晴朗早晨,所以津格曼(Zingerman)一家决定到布赖顿去作一日游.可惜那天作同样打算的人很多,而且不时遇阻,道路又难行,津格曼一家驱车去布赖顿的平均速度是每小时 30 英里.晚间返回时交通状况更加坏得多,津格曼一家的平均车速只有每小时 20 英里.

　　他们整个旅程的平均车速是多少?

　　将两个车速相加后除以 2,得答数每小时 25 英里.这计算再简单不过了,大多数人都会得出这答数.可惜它是错误的.

　　事实上,整个旅程的平均车速是每小时 24 英里,不管津格曼一家住在博格诺雷吉或是伯明翰,这都是真的.

　　如果答数 24 使你惊奇,这说明你经历了人脑在解题时会受到欺骗的一种方式.正因为一项计算看来简单和熟悉,并不意味着惊奇不会潜藏在咫尺之间.

求出平均速度的方法是将总距离除以全部时间.在这情形中,我们并不知道距离,但是没有关系,因为对于任何距离,答数都是一样的.假定津格曼一家去布赖顿的旅程是 60 英里前往加 60 英里回来.去布赖顿的 60 英里旅程是以每小时 30 英里车速完成的,所以用了 2 小时;回程是以每小时 20 英里完成的,所以用了 3 小时.这意味着全部旅程的平均车速是 5 小时内行了 120 英里,即每小时 24 英里.

这个平均速度叫做调和中数,当两个速度比较接近时,它与简单中数(相加后除以 2)是很接近的.当英国冲刺队在 1997 年打破地面速度纪录和声障时,他们第一次滑跑的速度是每小时 759 英里,第二次是每小时 767 英里.不管采用哪一种平均方法,所得答数都是约每小时 763 英里.

在较早的一次速度纪录中,情况就不是这样了,当时唐纳德·坎贝尔(Donald Campbell)以很高的速度(约每小时 300 英里)冲上康尼斯顿沃特,但是由于技术问题,返回时差不多慢到每小时 30 英里.公布的平均速度是每小时 165 英里,而应该公布的"调和中数"约是每小时 55 英里.

回家的缓慢旅程!

速度不能用两数相加后除以 2 的方法平均.这可以用一个极端的例子来说明.

假定津格曼一家以每小时 30 英里的速度去布赖顿旅游,他们来回的总平均速度是每小时 15 英里.他们的回程速度是多少?

极容易说出回程速度是每小时 0 英里,因为 $\frac{(30+0)}{2}=15$.可是如果他们以每小时 0 英里的速度返回的话,他们将永远离开不了布赖顿!

在这情形中,正确的答案是他们以每小时 10 英里的速度返回,这样才能得出平均速度每小时 15 英里.

药物试验者丢脸

另一种惊奇存在于百分率的误用中.

医药研究者正在试验一种叫做普罗布莱曾的新药,据称它能改进人的智力.史密斯(Smith)博士首先对他的一组病人进行试验.作为优秀的科学家,他决定给予一些病人真正的普罗布莱曾药片,而其余病人则给以"安慰剂"(不含药物的药片).他的结果如下:

史密斯博士的结果	试　　验	成　　功	平　　均
药　　物	100	66	66％
安慰剂	40	24	60％

史密斯博士的结果是看好的.他的试验成功地确认了普罗布莱曾比安慰剂更有效——在智力试验中,66％服用普罗布莱曾的病人有改进的表现,而服用安慰剂的病人有改进表现的是 60％.

但是因为结果很相近,琼斯(Jones)博士决定对更大的病人组重复这实验.结果令人鼓舞.他证实了史密斯博士的结果,因为服用普罗布莱曾的病人的表现又一次胜过服用安慰剂的病人.

琼斯博士的结果	试　　验	成　　功	平　　均
药　　物	200	180	90％
安慰剂	500	430	86％

两位研究者对这些发现感到兴奋,决定把他们的数据合并起来公布结果,但是使他们困惑的是看到了最意想不到的结局.尽管在两项试验中普罗布莱曾都比安慰剂成功,但是将两项试验合并

起来时,服用安慰剂的病人竟然比普罗布莱曾更成功.

总　结　果	试　验	成　功	平　均
药　物	300	246	82%
安慰剂	540	454	84%

这个结果太使有些人惊奇了,以致他们把它看成视错觉的数学等价物.打字错误在哪里? 唯一的错误在于那种认为百分率可以像简单数字一样地合并的逻辑.百分率是不能相加求平均的,正像速度不能用这方法取平均一样.

两场板球赛的故事

当一个问题涉及有形空间时,人脑往往善于利用"直觉"估计答案.这里有一个例子.芬布尔顿勋爵(Lord Fimbleton)每年在他的庄园场地上举行板球赛.为了创造乡村板球气氛,他在赛场周围筑就一个圆形的白色尖桩栅栏,它的大小足以使边界达到 50 米远.可惜今年他的栅栏少了 6 米.你认为边界将比去年短多少? (你根据直觉是否会说 1 厘米? 1 米? 更多?)

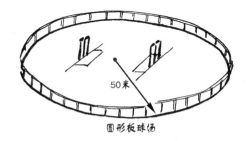

50米

圆形板球场

答案是整个边界短 1 米.换句话说,在每一方向都是 49 米.很多人不会对这答案感到惊奇.

现在碰巧众神也在宇宙间举行一年一度的板球赛.他们的星

系间板球场是庞大的,直径 1 万亿英里,众神也喜欢在赛场周围筑一个白色尖桩栅栏.由于惊人的巧合,今年众神的赛场尖桩栅栏也少了 6 米.你认为他们的边界将比去年的短多少?

在这情形中,直觉反应可能是边界只会短 1 毫米的几分之一.毕竟赛场的覆盖面积很大,6 米在周围的分布必然是很微薄的.所以当你知道今年众神的板球场边界也短 1 米时,你会感到惊奇.

这结果是怎么发生的呢? 计算如下.每一个板球场的周长是尖桩栅栏的长度.半径是从板球场中心到边界的距离.

$$圆的周长 = 2\pi \times 半径.$$

在两例中,今年的周长(我们把它称做新 P)比去年的周长(旧 P)小 6 米,我们要知道的是赛场的半径 R 改变了多少(旧 R — 新 R).

$$旧 P = 2\pi \times 旧 R,$$

$$新 P = 2\pi \times 新 R.$$

我们知道旧 P — 新 P 是 6 米,所以

$$6 = 2\pi \times 旧 R - 2\pi \times 新 R$$

$$= 2\pi \times (旧 R - 新 R).$$

所以旧 R — 新 R(到边界的距离的改变)是 $\dfrac{6}{2\pi}$,取 $\pi = 3.14$,得答数约 1 米.边界栅栏的长度是与这计算无关的! 这结果在我们看来很奇怪,因为直觉告诉我们的是另一回事.

甚至伟人也会出错

1935 年,一个法国人出版了一本书:*Erreurs de Mathematiciens des Origines a Nos Jours*(《源于我们时代的数学家的错误》),里面列出包括

费马(Fermat)、欧拉和牛顿(Newton)在内的355位数学家的错误.有时由于问题的复杂性,错误几乎是难免的.当安德鲁·怀尔斯(Andrew Wiles)在1993年第一次公布他的费马大定理证明时,其中有一处关键性的误差,但是这误差只有顶级数学家才能了解,不要说发现了.另外一些错误可以原谅,因为当时知识缺乏.艾萨克·牛顿(Isaac Newton)相信炼金术,认为铅能变成金.这在今天看来是奇怪的,但是在他的时代不很奇怪,因为在17世纪,关于化学元素知道得太少了.然而有些错误则不大好原谅.心不在焉的教授往往非常容易犯低级的算术错误,很可能上最简单的骗局的当.发生这情况的一个原因是智力很高的人总要去寻找问题中的复杂性,而实际上事情并不复杂.

威士忌掺水

饭后,亨利·巴夫顿(Henry Bufton)叫他的管家取来惯常喝的半杯威士忌和一杯水.亨利把少量水倒入威士忌.他知道现在他这杯威士忌太满,就慢慢地把威士忌和水的混合物倒回一些到水杯中,直到威士忌杯仍半满为止.

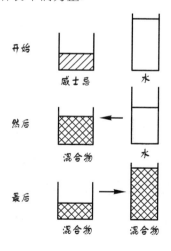

威士忌杯中的水是否比水杯中的威士忌多

亨利把纯水倒入威士忌,然后把威士忌和水的混合物倒回水中.问题是:现在威士忌杯中的水是否比水杯中的威士忌多?

通常的回答是说威士忌杯中的水较多.毕竟倒进威士忌中的是纯水,而倒进水中的是冲淡的威士忌.现在两只杯子中的液体含量与开始时完全相同.但是这时你开始怀疑事情不会如此简单.正确的答案是威士忌和水的转移量相同.

这个答案时常引起争论.要证明为什么这是真的,最好的方法是设想有两桶网球,而不是两杯液体.开始时,一只桶内放 100 个绿球,这代表水.另一只桶内放 20 个白球,这代表威士忌.

取任何数目的绿球——我们取 10,把它们转移到白球桶内:

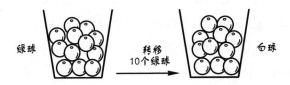

这样转移过后,一只桶内有 90 个绿球,另一只桶内有 20 个白球和 10 个绿球.

现在转移 10 个球回去,但这次是混合的.假定其中有 8 个白的,2 个绿的:

在这第二次转移后,一只桶内有 92 个绿球和 8 个白球,另一只桶内有 12 个白球和 8 个绿球.两只桶内所含球的数目与开始时相同,但是 8 个绿球("水")已经与 8 个白球("威士忌")交换过桶了.

不管取回的是什么混合物,换桶的绿球和白球数总是相同的.

你信服了吗？如果没有,自行证明的最好方法是用真的球做实验.用真的威士忌来试验更加好.

速算求和

在这些问题中,有一些是脑子难以转弯的,这就有助于解释为什么往往会出错.最后一个问题则不是如此.这里是一个非常简单的加法求和问题.把下列数字用手遮盖,然后每次露出一个数字,把这些数在头脑中相加:

$$1\ 000$$
$$40$$
$$1\ 000$$
$$30$$
$$1\ 000$$
$$20$$
$$1\ 000$$
$$10$$

你得到的是什么答数？

如果你的第一个答数是 5 000,那么你再看看吧,因为它是错误的.这个和的正确答数是 4 100.当这个问题突然向成人们提出时,如果不加以警示,他们中的大多数人都会犯同样的错误.在达到 4 090 之后,人脑就期待着答数要整起来了.它从先前的经验认为这整数将是完美而易记的,所以它就不假思索地说出 5 000.

有时人脑会过于聪明而对它自己不利.

第5章

最好的打赌是什么?

彩票、赛马和赌场都提供大奖的机会

大多数数学领域是从振奋精神的高尚研究发展起来的.但是有一个著名的例外.作为所有数学领域中最重要领域之一的概率论却起源于恶行.

大家记得意大利人伽利略(Galileo)曾断言地球环绕太阳运动,其后教会又迫使他撤销这一异端邪说.然而认为《圣经》可能把事情弄错,却并非他的唯一罪过.伽利略还曾教他的一位资助人如何在掷骰子博局中下赌注,而赌博是社会和教会都反对的活动.

伽利略死后 10 年,帕斯卡和费马正当地发展了这一学科,但是他们这样做也是因为富有的贵族们想要多赢钱.

帕斯卡和费马向自己提出的问题是:"我何时该赌,何时该停?"这些也是本章背后的问题.

硬币和骰子

最简单的打赌方式是抛掷硬币.如果正面朝上,我将给你 10

英磅;如果反面朝上,则你给我 10 英磅;这显然是一种"公平"的打赌,使人认为数学是理所当然的事情.然而我们要研究一下以后可用于更复杂的打赌的基础数学.

人人知道,抛掷硬币时出现正面、反面的机会是"对半".关于输赢机会的这种说法,最使人们感到舒服.但是描述概率至少有 6 种方法,它们的意义完全一样.抛掷一个无偏硬币时正面朝上的机会可用下列任何一种方式表示:

- 对半.

- 二分之一.

- $\frac{1}{2}$——数学家们常把概率引述成分数.

- 0.5——数学家们也喜欢用小数.

- 50%——由于某种原因,天气预报员喜欢用百分率.

- 同额赌注——这是赌注登记者用的语言(见下面的楷体文字).

所有这些说法都表示如果你抛掷一枚普通硬币 100 次,你料想正面朝上的机会是 50 次.有时多些,有时少些,但是平均 50 次.

要算出你从一次打赌中能获得多少,你必须注意对于每一种可能的结果你一定会赢或输多少,以及每一种结果发生的机会是多少.

赌注登记者的语言

赌注登记者对于表示输赢机会有他们自己的语言.用普通骰子滚出 3 的

机会是 $\frac{1}{6}$，因为骰子有 6 面.但是一个不打算获利的赌注登记者会把这情况引述为 5 比 1 不利(即为出现 3 打赌的人在 6 次中会输 5 次).从一副纸牌中抽出黑桃 A 的机会是 $\frac{1}{52}$，但是赌注登记者则把它说成 51 比 1 不利.注意赌注登记者总是把较大的数放在前面.

诚实鲍勃的 3-1 同额赌注

　　如果输或赢的机会恰好相等,赌注登记者把这叫做"同额赌注".如果输赢机会是你赢的可能性比输的可能性大,赌注登记者就把"不利"换成"有利".滚出骰子的数大于 2 的机会是 $\frac{4}{6}$，这被赌注登记者说成 4 比 2 有利,或者约成最简单的形式:2 比 1 有利.

　　在以 10 英镑为赌注并根据硬币正反面定输赢的例子中,假定你喊正面.可能的结果如下:

结果	这结果发生的机会(P)	你将赢多少(W)	$P \times W$
正面	$\frac{1}{2}$	10 英镑	5 英镑
反面	$\frac{1}{2}$	−10 英镑	−5 英镑

　　这个赌值得打吗？最后一列($P \times W$)的用处在此.如果你把这一列相加,所得的是这项打赌的期望值.在这情形中,期望值是 0 英镑,这意味着按平均而论,你结束打赌时的情况应该不比开始打赌时更好.但至少它也意味着结束打赌时应该不比开始打赌时更坏,这就使得这种打赌比你在市场上所能遇到的大多数打赌更好些!

　　现在来看一种略微复杂些的打赌.哈罗德(Harold)有一颗正

常的骰子,6 面的数从 1 到 6.如果他滚动这骰子,结果 6 朝上,他就付给你 24 英镑.如果朝上的是 6 以外的其他数,你要付给他 6 英镑.这样的打赌对你合算吗?

为了对这种打赌进行估价,你必须知道掷出 6 的可能性.掷出 6 的概率是 $\frac{1}{6}$,即 0.166 66,或者用赌注登记者的语言是"5 比 1 不利".不掷出 6 的机会是 $\frac{5}{6}$.两种结果如下.

结果	这结果发生的机会(P)	你将赢多少(W)	$P \times W$
掷 6	$\frac{1}{6}$	24 英镑	4 英镑
不掷 6	$\frac{5}{6}$	—6 英镑	—5 英镑

注意 P 列相加仍得 1 ↗

现在最后一列相加得—1 英镑,这意味着平均每滚一次骰子你要输 1 英镑.假如你滚骰子 1 百万次,你会输掉 1 百万英镑.

就赌博业而言,它必然如此.赌博的整个特点就是让你期望只投一次赌注就能获得极大的回报,同时保证最后让组织者获利.

彩票

对于英国国家彩票来说,没有必要去算你期望中的回报是多少,因为他们已经使它明确了.每买 1 英镑彩票,50 便士用于奖金,其余用于税金、慈善事业和行政开支.这意味着你每打赌一次,你期望中的回报是损失 50 便士.所以每一次你不买彩票,你就可以对自己说:"嗨,我又一次获利 50 便士!"

当然,人们之所以购买彩票,是因为他们自己觉得不会在乎从钱包里失去的那 1 英镑,倒是肯定会注意那 1 千万英镑的银行结余.彩票购买者会辩称他们在等待数字出来时所获得的刺激至少玩笑地值 50 便士,尽管他们或许没有考虑当日复一日地那数字老是不出来时所积累起来的沮丧的负面价值.

英国彩票的内容包含把从 1 到 49 之间任何 6 个数字组合起来.从装有 49 个球的桶中随机取出 6 个球.如果这 6 个球上碰巧有你的 6 个数字,你就赢得头奖,它的典型金额是 1 千万英镑.你至少得到头奖的一部分.如果你运气好,没有别人选择与你相同的数字组合,于是整个头奖都归你.更多的情况是两三个人选取相同的组合,他们就分享头奖.

选取怎样的组合最好?你不要考虑从 49 个球中选 6 个,而是想象一个简单的方式.假定只有 3 个彩球,而你只能从中选 2 个.你所能作出的选择是:

$$1, 2$$
$$1, 3$$
$$2, 3$$

球从桶中出来的次序没有关系.如果你选择 1 和 3,不管球从桶中出来的次序是先 1 后 3,还是先 3 后 1,你同样获奖.所以可能的组合有 3 种,只有一种能赢.但是它们都同样可能吗?回答是肯定的,要证明这一点,你可以把从桶中取球的每一可能结果列出如下:

$$1, 2 \qquad 1, 3 \qquad 2, 1 \qquad 2, 3 \qquad 3, 1 \qquad 3, 2$$

取球的可能排列有 6 种,3 种组合各出现 2 次,使每一种组合同样可能.因此在这微型彩票中,赢得一份头奖的概率是 $\frac{1}{3}$.

事实上,你可以用这逻辑去证明,不论一项彩票中用多少个球,不论你需要选取多少数字,每一种组合可能赢的机会是和任何别的组合完全一样的.换言之,如果你的选择是 1,2,3,4,5,6,结果它赢的可能性和 11,17,20,31,34,41 完全一样,尽管后者看起来"随机"得多.

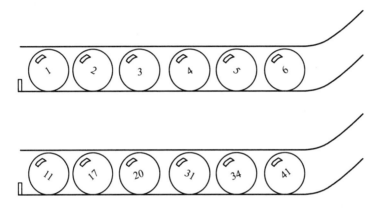

可能的组合数原来是很大的,确切地说,共有 13 983 816 种.

虽然你不能影响你中头奖的机会,但是你至少能选择一些数字来增加你期望中的奖金数.你这样做的方法是选取一个可能是独特的数字组合,于是如果你选取的数字正确的话,那么你更有可能独吞头奖.

令人惊奇的是,选取的最坏组合之一是 1,2,3,4,5,6,可是有许多人选取这一组合.大概他们认为"别人不会想到这个不寻常的东西".可惜许多人都这样想!

因为许多彩票购买者喜欢用"幸运"数字,而幸运数字常与生日相联系,所以较多的人选择 1 至 31 之间数字比选择 32 至 49 之间数字的可能性大.因此,如果你不希望与别人分享头奖,你的购买是值得偏向较大的数字的.不过你要注意,现在许多人都知道这一理论.作为一种技术,它与足球普尔中所用的技术相似,即选取最高两个足球分组赛的人比选取较低分组赛的人多.如果你选取分组 2 和 3 中的比赛,你将提高你赢得整个普尔头奖的期望.

有许多关于选择数字的无稽之谈,数学家们是不加考虑的.例如,"39 已经 3 个星期没有出现,所以这星期一定会来",就是无意义的迷信.如果你抛掷一枚硬币 10 次,每一次都是正面朝上,抛第 11 次时反面朝上的可能性并不比第 1 次大.事实正相反,你可以期望又是正面朝上,因为开始看上去似乎这硬币偏向正面了.如果彩票中的数字 39 在接连 6 个星期中每星期出现,很可能存在着有利于 39 球的物理原因——例如它可能比其他球稍重些.但是因为许多人会在 39 频繁出现的情况下开始选取它,所以你最好的策略或许是避开它!

━━━━ ●●●● ━━━━━━ ●●●● ━━━━━━ ●●●● ━━━━━━ ●●●● ━━━━

你应该在一星期中哪一天购买星期六彩票?

回答:星期五.

如果你在星期五之前购买,你在其后的星期六赢头奖的机会低于你在能要求领奖之前被车子碾过的机会.

这个相当可怕的统计结果来自这样的事实:

你赢头奖的机会是 $\dfrac{1}{14\,000\,000}$,而你在两天的周期内被车子碾过的机会约是 $\dfrac{1}{10\,000\,000}$.

这足以说明比起你被车子碾过的可能性来,你赢头奖是不大可能的.

赛马和赌注登记者

在上述打赌比赛中,打赌的操作者获利的方法是把打赌确定得使预期的付出少于输赢机会所值的数额.但是在赛马中,输赢机会是这样的:如果一匹马是"同额赌注",那么这马输了,你就付给赌注登记者10英镑,它赢了,他就付给你10英镑.这样看来,似乎他的公平是惊人的.

可以再一次用一张简单的表来说明为什么赌注登记者总是面带笑容.假定在一场比赛中,三匹马的输赢机会如下:

淘气的啃食者	同额赌注 $\left(=\dfrac{1}{2}\right)$
暴躁的弗雷德	$2:1\left(=\dfrac{1}{3}\right)$
老落后	$3:1\left(=\dfrac{1}{4}\right)$

安德鲁(Andrew)、伯特(Bert)和查利(Charlie)是三兄弟,他们各人对不同的马下注1英镑.他们中有一个人会赢,但是全家的总输赢如何呢?

结果	提供的输赢机会(P)	赢者得多少(W)	$P \times W$
淘气的啃食者	$\dfrac{1}{2}$	1英镑	50便士

（续表）

结果	提供的输赢机会(P)	赢者得多少(W)	$P \times W$
暴躁的弗雷德	$\dfrac{1}{3}$	2 英镑	67 便士
老落后	$\dfrac{1}{4}$	3 英镑	75 便士

这是奇怪的.根据这张表,三兄弟总的期望赢得金额是 1.92 英镑,而输的两人各付出 1 英镑.赌注登记者预期平均获利 8 便士.这是怎么回事呢?

观察标明"提供的输赢机会"的一列,可得到解释.在我们考察过的其他打赌项目中,输赢机会加起来正好是 1.0,但是在本例中,它们加起来是 1.08(即大于 1).换言之,赌注登记者获利的方法是把输赢机会确定得人为地短少,而不是确定奖金数.你要是一旦发现赌注登记者使输赢机会加起来小于 1,你赶紧跟他下赌注!

这里的输赢机会与彩票的输赢机会有一个重要的区别.一个数字组合在彩票中出现的机会是确切地知道的,但是淘气的啃食者在赛马中获胜的机会只能猜测,尽管有一定的依据.赌博者赌赛马的一个理由是他们觉得他们的知识胜过其他赌博者.所以当 8:1 可能是被引述的输赢机会时,如果你相信这匹马实际上只有 10:1 的机会获胜,或者如果你知道这马正因食物中毒而在生病,你就应该把赌注押在别的马身上.

顺便说一下,被引述为 2:1 的马在赛马中真的获胜的机会是多少?要得到答案,有趣而又很容易的方法是检查今年一匹

2：1马参加的每一次赛马的结果.在参加这些比赛的100匹获胜马中,应该约有三分之一,即33匹,是2：1马.如果这样的获胜马只有10匹,这说明2：1马照例不是高价的,所以你不要对它们下注.如果相反,有50匹获胜,看来似乎2：1马值得打赌,不过只有当你独自掌握这发现时它才是一个好的打赌.如果大家都知道了,每个人都会开始对2：1马下注,输赢机会就将变坏了!

有不会输的打赌吗?

可能开始有这样的说法:似乎只有傻瓜才会被吸引去和业中人打赌.彩票拿走你50％的钱,足球普尔的比例与此相似,赌注登记者则拿走15％,甚至轮盘赌的操作者也获取他们的一份赢利.轮盘标明数字从1到36,但是还有1个0槽,如果球落入其中,所有的钱都归赌场所有.① 出现这种结果的机会是平均 $\frac{1}{37}$,使赌场赢得3％的份额,比起我们考察过的别种打赌方式来,这真是对赌博者相当慷慨的.

有一种打赌方式,值得注意的是,它似乎保证你最终会赢.你可以把它用在输赢机会是50对50的任何场合(换言之,即当输

---

① 例外情况是赌红黑、奇偶或高低.在这些对等的赌钱项目中,如果球进入零位,赌注还一半.

赢机会是同额赌注时,请原谅我说诙谐话[1]).这种方式叫做加注赌法.

首先,你要决定想赢多少.10英镑看来像是一个合理的数额,不太贪.下10英镑的赌注.如果赢了,祝贺你——取走这10英镑赢利,现在就结束赌博.

如果输了,你必须再赌.这次下20英镑赌注.如果赢了,收起20英镑,结束赌博.你赢的钱是最后所得20英镑减去第一次输掉的10英镑,即净赢10英镑.

如果又输了,你必须再加倍下注,这次是40英镑.事实上,加注赌法的规则就是,你每输一次,就加倍下注再赌一次.即使你输50次,如果在第51次赢了,你结束赌博时仍将赢,赢多少是你定下的,10英镑.

当你真的最终赢了,你的净收益恰好与你第一次下的注数量相同.因此,如果你贪心,想保证赢1百万英镑,那么你第一次下的注也应该是这数.

这是不是听起来太美了,不会是真的吧?为什么我们要告诉你,而不自己去赢这1百万,并到巴哈马群岛海滩上去坐享呢?

奇怪,奇怪,这里有一个蹊跷.虽然这理论是完全说得通的,但是在实践上,加注赌法是永远行不通的,理由很简单.赌场和赌注登记者给你在一次打赌时所能下注的数量定出了上限.即使你想下1千万英镑的注,你也不被允许这样做.即使你能这样做,哪一家银行将提供保证,使你在第一次输掉后可以再下2千万英镑的

---

[1] 在英文中,odds(输赢机会)和 evens(同额赌注)是反义词 odd(奇)和 even(偶)的复数形式.——译者注

注呢？

事实是不存在一种尽人皆能的获取 1 百万英镑的简易方法. 有一个人在打赌中赢了，必然有另一个人输了.赌业的兴旺，是由于每分钟都有傻瓜产生，而使赌业中人觉得幸运的是，这情况看来不像就会改变.

怪赌

赌注登记者莱德布鲁克斯(Ladbrokes)等人准备把几乎任何事物都当作潜在的打赌领域，但是难得发现他们提供高于 5 000∶1 的输赢机会，这并不奇怪.

被引述的关于下一次哈雷彗星到来时与地球相撞的输赢机会只是 2 500∶1，关于联合国将证实存在他种生命形式的输赢机会近来被从 200∶1 减少到只有 50∶1.

不过莱德布鲁克斯等人并不对每一事物打赌.有人要打赌说他的妻子将被外星人诱拐，而到了 2000 年开始时的正半夜，她会成为一只茶壶回到家里.赌注登记者们有礼貌地拒绝对这事件提供任何输赢机会.

第 *6* 章

你怎样解释巧合？

巧合并不像你所想的那么惊人

在最近一次关于超常现象的讨论会上，一些成年人被询问曾否经历过有趣的巧合.他们中的大多数人经历过.一位妇女描述了上一年她是怎样在瑞士度假的.原来住在隔壁房间的一家正是她在家时的老邻居.

更加可怪的是一个叫托尼(Tony)的人，他说在学生时代他真的不喜欢他的校长.一个星期天的夜晚，他做了一个梦，梦中他的校长已经死了.第二天早上他到学校，知道校长的确过了周末就死了.听了托尼的故事后，讨论会教室变得相当安静，于是有人吹起了《微明区》中曲调的哨子，突然每个人都大笑起来.

有趣的是很多人都宁肯把巧合归因于某种神秘的力量，而不愿作较合理的解释.这与人类的心理有关.人们喜爱神秘和超常的东西，因此电视上像《X 档案》这类节目获得巨大成功.然而相信隐秘力量也部分地与社会上对机会数学的普遍无知有关.

对于上述校长死亡的故事,我们大家都会被诱使立即作出的结论是,托尼有某种致死的心理力量.然而另外有许多完全合理而且或许更可信的解释.第一种解释是托尼忘记了故事的细节——它不是梦,更有可能是一种记忆错觉.另一种可能的解释是托尼知道校长病重,料想不久人世,于是他就会做校长死去的梦.我们也不是没有听说过一个消息进入潜意识中,然后似乎不知从什么地方作为自发思想突然出现.或许托尼的父母听到了校长死亡的消息,而托尼在做家庭作业的时候无意中听见他们在讲这件事.

但是还有另一种可能的解释.或许校长的死完全是巧合.《牛津英语词典》对巧合所作许多定义之一是:"没有明显因果关系的一些事件引人注意地同时发生".

这是一个看上去未必可能的事件,因此值得去讲述有关故事.但是我们应该那么感到惊奇吗? 巧合有多少可能性? 如果巧合不能单独被数学预测,或许我们毕竟应该开始相信超常现象了.

总统巧合

一个奇怪的历史巧合与美国总统有关.美国最早的五位总统中的三位都死于一年中的同一天.那是哪一天? 正好都是 7 月 4 日.在所有死亡日期中,这日期必然是任何美国人认为最有意义的.

这当然可能是这种巧合所以发生的部分解释.你可以想象早期的总统真的渴望活着,直到独立纪念日为止,因为这日期对他们来说太有意义了,而一旦知道到了这天,他们就死去了.这显然就是发生在第三任美国总统托马斯·杰斐逊(Thomas Jefferson)身上的事.第二任总统约翰·亚当斯(John Adams)事实上死在杰斐逊之后几小时.他最后的话是"托马斯·杰斐逊仍旧活着".他错了.

生日

关于巧合要说的第一件事是我们时常会对巧合产生特别深刻的印象.在给一个小学班级共 30 个孩子上的一堂课中,讲到关于生日的主题.一个孩子说:"萨利(Sally)和我同生日."这对他们两人来说是很特殊的,而对班级中其余人来说是令人兴奋的.

然而可能看来奇怪的是,这并非一个不平常的故事.你到任何班级中去,往往会发现至少两个孩子同生日.对大多数人来说,这种巧合好像不大可能.毕竟一年中有 365 天,所以你会认为教室里需要有约 180 个孩子,才会有 50 对 50 的机会出现生日的巧合.

可是情况并不如此.令人惊奇的是,只需要一个班级里有 23 个孩子,他们中间有两个人生日相同的机会就超过 50 对 50.事实上,因为生日并非均匀分布在一年内,所以即使班级中只有 20 个孩子,你大概仍会发现他们中有一半人是生日巧合的.

怎么会是这样的呢?要搞清楚这事,你必须知道,为了计算两个"独立"事件同时发生的概率,你应把两个事件的概率相乘(参阅第 60 页的楷体文字).例如,抛掷一枚硬币得两次正面的机会是 $\frac{1}{2} \times \frac{1}{2} = \frac{1}{4}$,或 $\frac{1}{4}$.为了使自己信服,你可抛掷两枚硬币,看出现什么组合.重复这实验一百次,数出双正面的次数.这数应是约 25.虽然不能保证正好 25,但是如果你得不到 20 与 30 之间的数,你可能是在用一种特殊的方式抛掷硬币.

和抛掷硬币一样,一个孩子的生日与另一个孩子的生日是互相独立的.(只要他们不是双胞胎!)这意味着你可以用与抛掷硬币相同的方法,把概率相乘,来计算生日巧合的机会.但是我们现在不计算巧合的机会,而计算全部孩子都有不同生日的机会——这实际上是一种简单得多的计算.

首先设想班级里只有两个孩子.第一个孩子的生日是 6 月 14 日.第二个孩子的生日与第一个不同的机会是多少? 有 364 个另外的日期可供选择,所以这两个孩子有不同生日的概率是 $\frac{364}{365}$.现在萨拉(Sarah)进入教室.她的生日是否与另外两个孩子不同? 如果另外两个孩子的生日不同,那么萨拉的生日又不同的机会是 $\frac{363}{365}$,因为只剩下 363 天是不同的了.接着进来的是西蒙.他的生日又不同的机会是 $\frac{362}{365}$,……以此类推.

每一个新孩子进入教室,他们仍具有另一不同生日的机会非常微小地减少着.第 23 个孩子的生日与其他每人都不同的机会是 $\frac{343}{365}$.

这时我们停下来,转而计算 23 个孩子的生日各个不同的总概率.我们的计算方法是把各个概率乘在一起,就像抛掷硬币的情形一样:

23 个人的教室中没有一个人与任何别人生日相同的概率

$$= \frac{364}{365} \times \frac{363}{365} \times \frac{362}{365} \times \cdots \times \frac{343}{365}$$

$$= 0.49,\ \text{即}\ 49\% \text{机会}.$$

因此在 23 人的班级中,没有两个人生日相同的机会是 49%,即大约一半.可是除了没有两个孩子生日相同以外,那其余的

51%怎么样呢？这就是至少有两个孩子生日相同.换言之,对仅仅23个孩子来说,至少有一个生日巧合情况的机会是 51%.这个结果在许多人看来不见得正确,然而它是真实的.而且如果你不相信,你可以去访问本地的小学,亲自做试验.

多少男人穿裙子?

抛掷一枚硬币得正面,然后滚一颗骰子得 3 的机会是多少？因为抛掷硬币对滚骰子没有影响,抛出正面和滚出 3 的机会可通过将两个事件的机会简单相乘而计算出来.

抛出正面的机会是 $\frac{1}{2}$,

滚出 3 的机会是 $\frac{1}{6}$,

两件事一起的机会是

$$\frac{1}{2} \times \frac{1}{6} = \frac{1}{12}, \text{或} \frac{1}{12} \text{的机会}.$$

但是如果两个事件不是独立的,就不能这样计算.例如：

- 街上一个人是男人的机会约是 $\frac{1}{2}$.

- 街上一个人穿裙子的机会约是 $\frac{1}{4}$.

- 但是,街上一个人是穿裙子的男人的机会不是 $\frac{1}{8}$,因为人的性别对这人穿裙子的倾向有影响.

一个事件对另一事件的影响是概率论的一个重要部分贝叶斯(Bayesian)统计学的基础.

但是,当你刚刚在前一夜同妻子提到一位二十年不见的朋友,第二天就突然遇见他时,这和上面说的有什么关系呢？为了

研究这样一种显见的巧合,首先要做的事是区分下面两件事:

- 特定的不大可能发生的事件发生的机会.
- 任何不大可能发生的事件发生的机会.

在小学生的事例中,你会立即看出这两类巧合被混淆的地方.如果你从 23 人的班级中挑出两个特定的孩子,戴维和夏洛特,他们有相同生日的机会是 $\frac{1}{365}$.但是你现在知道这班级中至少有一对同生日小孩的机会(虽然我们不知道是哪一对)是 $\frac{1}{2}$,这个可能性大得多了.然而这两种巧合在感觉上差不多一样.这正好证明直觉有时会产生很大的误导作用.

在其他每一生活圈内,都有两类巧合的机会之间的同样巨大的差异,一是发生特殊的巧合,例如"读这句子的一星期内你将在街上遇见一个老同学";另一是发生任何老的巧合,像"下星期你将遇到一件趣事".两者都会抓住你的注意力,但后者的可能性大得多.

猜数游戏

这个游戏你可以找一组 10 个人来玩.要求每个人写出一个 1 与 100 之间的整数.做这游戏的目的是写下一个别人都不会写的数.你或许认为这是容易做到的,但即使每人都随机地挑选一个数,两人选同数的机会大于 $\frac{1}{3}$.而且事实上因为人们并不随机地挑选(例如大于 50 的数更加受欢迎),关于两个人将挑选同数的输赢机会约是 50 对 50.玩游戏的人愈多,巧合的机会愈高.20 个人参加时,关于巧合的输赢机会约是 7 比 1 有利(强得足以使你把这游戏作为看透他人心思的本领来玩一下).

想一下你在一天内经历多少"事件".你起床,刷牙,进早餐,听广播,坐进汽车,再听广播,开车去上班,遇见许多人,打许多电话,昼寝,进午餐,……这样不断进行下去.你真的每天经历数百件事.每件事给予你一个发生巧合的时机,在大多数日子,这些事件不被提及地过去了.让我们面对这种时机,如果每天傍晚你回家时对你的配偶说下面的话,将是很难过的:

"这是怎样的一天啊!我遇到一位叫做詹尼·斯图尔特(Jenny Stewart)的妇女,但是我们没有共同的朋友,我昨夜梦到的每件事都没有变成现实,正当我离开办公室时,什么事都没有发生."你不会说这话,因为这些事件都是乏味的.它们都是没有实现的巧合时机.

喂!亲爱的,
又是一个乏味的日子
——一个巧合也没有

你也会遇到一些不大可能发生的事件,你并不把它们当作巧合.正因为某事不大会发生,它就不一定使巧合成为有趣.举一个极端的例子,我们完全随机地选取两个名人:维多利亚女王(Queen Victoria)和乔治·华盛顿(George Washington).维多利亚女王的生日是 5 月 24 日,乔治·华盛顿的生日是 2 月 22 日.现在不可信的事情来了.维多利亚的生日是 5 月 24 日的机会是 $\frac{1}{365}$,华盛顿的生日是 2 月 22 日的机会也一样.所以维多利亚和华盛顿有这两个确切的生日的机会约 $\frac{1}{130\,000}$.谁会相信如此不大可能发生的事情竟会发生，……但是等一下，你看来并不对此产生很深的印象．

你印象不深的原因是它回避"那又怎么样呢？"的问题．两个事件在这里巧合了，但是你不会说它们巧合．乏味的小事很快就被忘记，而巧合则抓住注意，粘在脑中．

惊人的生活巧合

可是有趣的巧合怎样可能会发生呢？

我们来作一番粗略的估计．假定一个真正值得纪念的、一生中一次的巧合在今天发生的机会是百万分之一，并假定在任何特定的日子，你有 100 个时机遇到这些极不可能发生的巧合之一．例如，你一时心血来潮，决定在越野障碍赛马中为三匹等外马下赌注，结果它们分别获得一、二、三名．或者在大选日，你从投票亭驾车回去时遇到了小小的交通事故，结果发现另一辆车内的乘客是你们的老议会议员．这些都是"百万分之一"类型的巧合．顺便说一下，梦见一个朋友赢了普尔而几天后成为事实的机会，也是如此．

至于生日的例子，计算出这种巧合发生的机会的最好方法，是先查看没有这种巧合的机会．

这些巧合你在明天都不遇到的机会是多少？百万分之一事件不发生的机会是 0.999 999．我们已经估计出每天有 100 个时机让这种事件发生，所以一件都不发生的机会是

$$0.999\ 999\times0.999\ 999\times0.999\ 999\cdots共一百个数相乘．$$

结果约是 0.999 9，或 $\dfrac{9\ 999}{10\ 000}$．这意味着这些巧合之一明天你将

遇到的机会是 $\dfrac{1}{10\ 000}$．仍旧很不可能．

下个星期看来如何？以后七天中每天都没有一件百万分之一巧合发生的机会是多少？我们和以前一样地计算．这星期中每

一天都和这天一样乏味的机会是:

$$0.999\ 9 \times 0.999\ 9 \times 0.999\ 9 \cdots \text{共 7 个数相乘,}$$

即约 0.9993.这意味着出现乏味星期的机会是 10 000 分之 9 993,

而下星期中发生奇迹般巧合的机会是 $\dfrac{7}{10\ 000}$.

下一年中每个星期都将这样乏味的机会是:

$$0.999\ 3 \times 0.999\ 3 \times 0.999\ 3 \cdots \text{共 52 个数相乘,}$$

即 0.964,约 $\dfrac{29}{30}$.突然这数开始变得有趣了.你在今后 20 年内每一年都遇不到一次百万分之一巧合的机会是:

$$0.964 \times 0.964 \times 0.964 \cdots \text{共 20 个数相乘.}$$

这等于 0.48,即 48% 机会.

星象和巧合

这里是你今天的星象.你同意吗?

你有时外向,和蔼可亲,善与人交,有时内向,小心翼翼,沉默寡言.你认为在向别人坦露自己时太直率是不明智的.你以作为独立思想者而自傲,不接受别人没有满意证明的意见.你宁肯有一定量的变化和多样性,被约束和限制包围起来时,感到不满.你有许多未用的能力,你没有使它变得对你有利.你有对自己挑剔的倾向.

如果这段描写因为不可思议地准确而打动了你,那你就成了所谓巴纳姆(Barnum)效应的牺牲品.这效应是指人们对一种情况看出的意义多于实际意义的倾向.伯特伦·福勒(Bertram Forer)在 1949 年出版了关于这主题的第一篇论文.上面的陈述中的大部分对大多数人都是"真实的".那些不真实的陈述将趋于被忽视,而包含真实的陈述则将受到注意.

研究者们发现,如果星象上的星座移去了,人们就不能认定哪一段文字属于他们自己的星座,但如果星座包含在内,他们将相信他们自己的星座文字是最准确的.

根据这一极粗略而快速的计算,你在今后20年内将经历一次值得纪念的百万分之一巧合的机会竟然大于50对50.这也就是说,对于你所认识的每20个人,他们中的一个在一年内将有一个惊人的故事讲出来的机会大于50%.因此正和23个孩子的班级一样,你们中的一个人今年将有奇迹般巧合的机会是52%,大于一半! 或许生活毕竟不是如此乏味的.

当然,我们在这里作了一些很大的假定.谁知道在任何日子你会遇到的"惊人"巧合有多少? 或许有几千.在它们中间,有一些真的只有万亿分之一机会,另外一些可能是千分之一.但是我们很粗略的估计可能不是那么离谱,而你或你的一位好友今年有50对50的机会遇到真正有趣的某事,表明当你听到某人的怪异巧合时,不应该那么惊奇.

即使如此,在你遇到巧合之前,还是容易那么说的.这里是我们听到的真实故事:

两年前,我正在访问一位新相识.她的小女儿萨拉在那里,手里有几支颜色笔.我为她画了一幅月亮,并说:"当然你能根据月亮的形状讲出这是什么日子!"(我正在把画补足)"这日子是……随便想到一个日子……8月17日."她母亲喘着气."我知道你会那样说,"她说道."萨拉的生日是8月17日,我也是,我丈夫也是."

这是一个极大的巧合.如此有趣又不大会发生的巧合,一个人在一生中可能只遇到一次.

第 *7* 章

什么是纳尔逊柱的最佳视图?

日常几何,从台球到塑像

　　试问成年人,他们在学校里学的哪部分数学他们觉得最没用.
一个共同的回答是"全没用".但在更深入的试探之下,几何和三角
就是最可能使人要打呵欠而勉强忍住的两门学科了.的确,一个美
国朋友回想起她有一次在上课时问老师:"能否请你解释我们为
什么学几何,它将怎样帮助我?"老师显然被难住了.

　　因此,有许多在日常生活中遇到的问题用得着几何计算,会
被认作意想不到的事.其中不少问题与体育运动有关.可是使许多
人感到欣慰的是,我们倾向于在解这些问题时完全不有意识地用
到任何数学.不管你如何评价你自己进行复杂计算的能力,你那部
分与协调、平衡和控制有关的头脑是一个计算天才.

　　以抓住一个球的过程为例.你是否认识到,如果有人经过空气
向你投掷一个网球,你的头脑所解决的问题是很难用数学方法描
述的? 如果你正常地使球落下,至少你现在有一个很好的理由.

$$\frac{d^2 \tan \alpha}{d t^2} = 0$$

撞球角

在许多球类运动中都有几何问题产生.台球是一个经典例子.
假定一场台球比赛已经达到下左图所示的局面.比赛者在撞球中
陷入困境.他要把白球击到粉红球上,但是黑球阻止他直接击中.
比赛者必须使白球从桌边的弹性衬垫弹出.问题是:他应把白球瞄
准在弹性衬垫的何处?

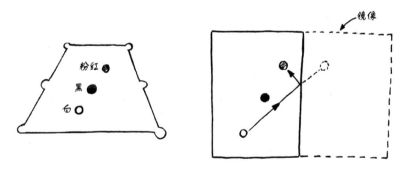

有一个简单的原理,它决定着白球应撞击弹性衬垫的那一点.
假如你沿着弹性衬垫的上端放一面镜子,与桌边平行,你会看到
粉红球的映像.比赛者应把白球直接瞄准镜中的粉红球,弹性衬垫

将把球反射过去①.(这背后的原理约在公元前 75 年就被亚历山大的希伦所了解,远在有台球游戏之前.)

黑球在位置 A、B 或 C

哪一位置最易进球袋?

关于台球的主题,你可能在电视上看到这种游戏时问过自己:哪种击落袋最容易,哪种最难.看一下如上图所示一个台球比赛者所面对的三种击球情况.在 A、B 和 C 之中,你最没有信心击落袋的是哪一种情况?

击球情况 B 是比赛者最常失误的一种.有一个数学公式说明其原因(见下面的楷体文字).台球比赛者水平愈差,公式变得愈不真实.当比赛者的准确度减小时,黑球最难击落袋的位置向球袋移去.在极端情况下,比赛者差得完全难以使用球棒,除了位置 A,任何别的位置都变得几乎不可能击落袋.甚至连白球击中黑球的机会都减小到完全侥幸击中的机会,更不要说击落袋了.

● ● ● ●   ● ● ● ●   ● ● ● ●   ● ● ● ●

为什么"中途"击落袋最难?

当一个好的比赛者在某一方向瞄准白球时,他的对准是极端准确的,但是不完善.比赛者造成的误差可用角 α 表示.(也可叫做弗雷德(Fred),但何必破坏数学惯例呢?)

因为白球并非笔直向前,所以黑球偏转一个角,我们将称它为 β.对于顶级的台球比赛者,α 是很小的,所以 β 也很小,这意味着我们可用良好近似

———————————

① 这里略去弹性衬垫上的旋转效应.

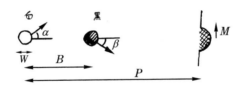

$\sin(\alpha)=\alpha.$ 不必通过数学,所有这些引出一个相当简单的公式,表示黑球偏离球袋中心的近似距离(M):

$$M=(P-B)(B-W)/W,$$

其中 W 是球的直径,P 是从白球中心到球袋的距离,B 是从白球中心到黑球中心的距离.如果 $B=P$(黑球在球袋上盘旋),或 $B=W$(黑球接触白球),误差是零.当 $B=\dfrac{1}{2}(P+W)$ ——超过从白球到球袋一半路的一个分数——时,偏离最大.

橄榄球定位球

另一种显得成功地解几何问题的运动员是橄榄球踢球队员.

在橄榄球运动中,一个队可以通过接触着球使它在线外落地造成带球触地来得分.然后可以通过踢定位球来加分.踢定位球的规则是踢球队员可将球放在与标记着带球触地的线相垂直的线上任何地方.

踢球队员应将球放在哪里? 如果他将球放在带球触地线上,他就靠近门柱,但是他看不见门柱之间的空隙.如果他将球放在球场的另一半内,他几乎正对着门柱,但是距离太远,看上去两个门柱互相很靠近.然而在这两者之间的踢球位置,门柱间的角要大些,而且一定有一点,那里这角最大.问题是:这点在何处? (严格说来,我们必须略去像球的弧线运动和运动员能够踢的距离等因素.)

原来这是一个几何问题,它有一个简洁的解.画一个圆经过两个门柱,并且正好与定位球线相接触.圆与那条线即切线接触的点,是开始踢的最佳处——参阅下面的楷体文字.

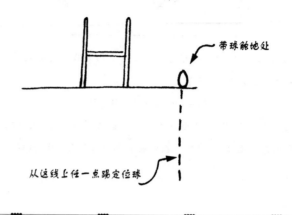

带球触地处

从这线上任一点踢定位球

从切线踢!

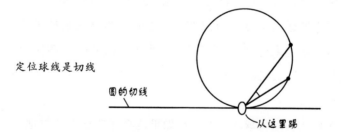

定位球线是切线

圆的切线

从这里踢

　　如果踢球队员必须瞄准的门柱间角是 $10°$,那么 $10°$ 是从圆上任一点所形成的门柱间角.在圆外任一点,这角总是小些.换言之,在定位球线上的任一点,比起在与圆接触的点来,门框所对的角要小些.

　　顺便说一下,这个解有一个例外.如果带球触地处在门柱之间,踢球队员应将球放在尽量靠近门柱处,只要他感到舒服.在这情形中,球放得离门柱愈近,门柱所对的角愈大.现在唯一的问题是使球高过横木——如果踢球队员将球放在带球触地线上,踢定位球将是不可能的!

看塑像

橄榄球并不是有最佳角需要考虑的唯一场合.正是这同一问题适用于旅行者最常遇到的一种场面,即看竖立起的塑像.

特拉法尔加广场中央的纳尔逊(Nelson)柱是一个好例子.纳尔逊本人在上面很高处.事实上这塑像从头到脚是 5 米,底座高 49 米.

如果你站在底座的基础附近引颈而望,你能看到纳尔逊的全身,但是他看上去很矮,因为视角小.所以你开始后退,避开其他游人和鸽子.你这样做的时候,这位将军开始变得像样些,因为视角增大了.但这个过程不能无限地进行下去.当你沿着怀特霍尔(Whitehall)后退时,你较好地从侧面看塑像,但是他变远了,你开始需用双筒望远镜来看.在你的行程中有某一个最佳点,使纳尔逊以最大可能角呈现出来.这和橄榄球问题侧转过来一样.

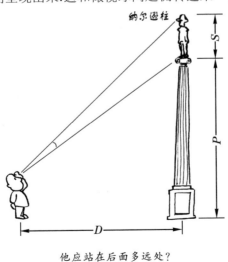

他应站在后面多远处?

最佳点是这一点:在这里,你的眼睛在经过纳尔逊的帽子和脚趾的圆的切线上,如下图所示.关于你应站得离塑像基础多远的公式,是根据地是平的这样一个假定作出的.假如情况是这样,那么这距离算下来约 50 米.特拉法尔加广场是在略斜的坡上的,所以 50 米并不完全正确,但是与正确值相近.根据我们的估计,这意味着从正面观看纳尔逊的最佳地点,如果不利用公共汽车造成平坦效果,是骑在马上的查理一世的塑像旁边.或者为了避免颈项疼挛,站在怀特霍尔顶端的岸边.(这个位置是否值得用某种黄金饰板作铺地材料?)

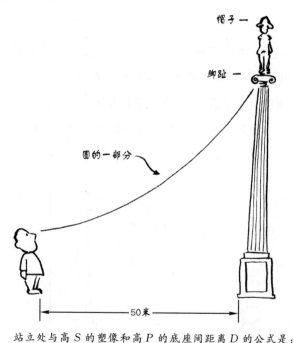

站立处与高 S 的塑像和高 P 的底座间距离 D 的公式是:

$$D = \sqrt{S \times P + P^2}$$

这公式也可用于别的塑像.根据我们的计算,要使里约热内卢的救世主基督塑像在你的视觉中最丰满,你应站在环绕底座的小公园区域内从塑像退后约17米处.

自由女神像的最宽角是在离基础64米处,这意味着从塑像前面草堤看女神最好.租双筒望远镜看就更好了.

海湾监护角

一个喜欢挖苦的人可能会说成千上万观看电视系列片《海湾监护》的人对曲线比对角更感兴趣.然而,一个经典的角问题发生在每一次救生员出发去救游泳者于危难中时.溺水的游泳者不大会正好在救生员面前.他总离开一个角.要到达游泳者那里,救生员必须奔越沙地,然后潜入海中,游过去救.

救生员奔跑时比游泳快得多,所以问题是,他应取哪个方向,才能尽快地到达游泳者身边? 乍看起来,似乎有两个明显的选择:

1. 取直线向着游泳者.大家知道,两点间最短距离是直线,所以这好像是明智的策略.

2. 认准海滩上一点,从这点到游泳者受困处是海滩的垂直线.这是只需最小游泳量的点,因为救生员跑比游快,所以这也是明智的.

在这两条路线中,一定有一条比另一条快,到底是哪一条,取

他应选择何者？

决于游泳者离岸多远、救生员能游得多快和游泳者以什么角度受困三者综合起来的情况.然而,这两条路线都不是最短时间的路线.最快的路线事实上在两者之间:

这是最快的路线

这条海湾监护路线正好与光线经过玻璃折射的途径相同.当光经过空气到玻璃时,它慢下来,光线从 A 点到 B 点所取路线总是时间最短的路线.

有一个公式可用来计算奔跑的正确角(S):

$$\frac{\sin(S)}{\sin(W)} = \frac{沙上行进速度}{水中行进速度}.$$

因此任何被发现在观看电视上救生员节目的人,现在可以声称他们这样做只是为了研究的目的."我只是在研究救生员是否总是选择最佳路线去救那位穿着简单的女孩……"

第 8 章

你如何保守秘密?

编码和解码不仅是侦探的事

1587 年,苏格兰玛丽女王(Mary Queen)在伊丽莎白一世女王(Queen Elizabeth Ⅰ)的命令下被带出她的房间执行死刑.

她怎会遭遇这一可怕的命运?是否因为她是一个国家的天主教徒,而这个国家现在被新教徒统治了?是否因为她参加了推翻王位的密谋?这两个因素都有助于决定她的命运,但是最后引发玛丽的死刑的原因是她不能保守秘密.

不是她没有设法保守秘密.玛丽用了一个密码系统,把她送给支持者的信息译成密码.可悲的是显示她有罪的信息被伊丽莎白的特务机关的头子弗朗西斯·沃尔辛厄姆(Francis Walsingham)截获,特务们毫不费力地就把密码破译出来,从而发现了为挫败整个密谋所需要的细节.

将信息保密的挑战在苏格兰玛丽女王之前已经存在好几百年了.政府特别是军政府需要一些系统,使它们传递出的情报在到达预定目的地前能始终保密.这变成了一门愈来愈富有技巧的科学,因为当信息误落入他人手中时,他们会用巧妙的方法去破译这些信息.

但是虽然编码和解码通常与战争相联系,加密却从来没有像今天这么重要.在西方社会,每一个人现在每天都被卷入加密信息的发送和接收之中,即使他们并没有意识到自己正在这样做.大多数用电子方式传送的情报都是加密的,从现金出纳卡和财务交易到电子邮件和卫星电视.

这种加密背后的电子学是复杂的,当然不是本章所涉及的内容.我们感兴趣的是编码和译码中所包含的数学原理,这至少可以追溯到两千多年前伯罗奔尼撒战争那么远.

早期密码

人们知道的最早的密码是用于军事的.使我们知道这些密码的是希罗多德和其他希腊历史学家.斯巴达(Spartan)统帅所用的一种工具称为天记事(*skytale*,与 *Italy*(意大利)押韵).发送信息的人有一根从一头到另一头逐渐变细的木棒,即天记事,上面绕着一条长皮带.他把信息写在带上,然后解开它,显露出表面上随机的一组字母.他把这带送给接收者,他有一根完全相同的木棒,只要将过程倒过来,就可读出信息.木棒如何逐渐变细,也许是这工具的关键部分.假如这木棒是正圆柱,信息中的编码字母将会均匀地隔开.然而用了逐渐变细的形状,编码字母的模式变得不均匀,因此如果不知道木棒的合适尺寸和绕带的起点,译码就困难得多.

尤利乌斯·恺撒(Julius Caesar)喜欢一种不同的密码方法.他使用简单的代换系统,将字母表中每一字母移过三位.罗马字母表用 23 个字母.表中没有 J、U 和 W,所以他的密码本就是:

明码 *ABCDEFGHIKLMNOPQRSTVXYZ*

密码 *DEFGHIKLMNOPQRSTVXYZABC*

可以推知他把自己的姓签署为"*FDHXDV*".从此以后,这种密码方法就被称为恺撒式.

代码和密码

秘密信息分属两类——代码和密码.代码在过去是外交家常用的.代码的手法包含把整个词或短语译成别的词甚或符号.例如"国王"在代码中总会被表示成"我的姑母".信息的接收者有一本代码簿,用来解释信息.

密码是军事方面更常用的.密码的手法包含把个别字母翻译成别的字母或符号.最基本的形式例如恺撒式,叫做代换密码.在更复杂的密码中,字母不仅经过代换,而且次序也经过改变.这种密码叫做转置密码.

现代的密文术几乎专一地用密码.

奥古斯都皇帝(Emperor Augustus)显然喜欢这个主意,因为

VENI VIDI VICI！

这是用的代码吗?

他用了相似的系统,不过字母移过三位对他说来太复杂了.在他所用的方法中,字母只移过一位.*AVGVSTVS* 变成了 *BXHXTVXT*.因为尤利乌斯·恺撒的方法已经广为传布(甚至是由恺撒自己),所以奥古斯都的信息能保持任何程度的安全,都是令人惊奇的.

描述恺撒密码有一个数学方法.用现代字母表举例如下:

明码 *ABCDEFGHIJKLMNOPQRSTUVWXYZ*

密码 *DEFGHIJKLMNOPQRSTUVWXYZABC*

先将字母表中的字母翻译成数字 1 至 26.

字母	A	B	C	D	E	F	G	H	I	J	K	L	M	N	O	P
数字	1	2	3	4	5	6	7	8	9	10	11	12	13	14	15	16

	Q	R	S	T	U	V	W	X	Y	Z
	17	18	19	20	21	22	23	24	25	26

同样将密码翻译成数字:

字母	D	E	F	G	H	I	J	K	L	M	N	O	P	Q	R	S
数字	4	5	6	7	8	9	10	11	12	13	14	15	16	17	18	19

	T	U	V	W	X	Y	Z	A	B	C
	20	21	22	23	24	25	26	1	2	3

以上序列适用方程:密码＝明码＋3,直至第 24 个字母 *X* 为止.字母 *X* 不是翻译成 27 而是 1(即 *A*).要得到正确结果是容易的,方法是用模算术,有时被孩子们叫做钟算术.用这种算术时,每遇一个数字大于 26,将 26 的倍数减去,使答数在 1 与 26 之间.

因此这个密码的公式是:密码＝明码＋3(模 26).

将密码加上 23,就恢复原来的信息,所以同样可得到一个破译密码的公式.这是用来打开密码的"钥匙":明码＝密码＋23(模 26).

这些例子太简单了,几乎没有必要将密码代入公式.但是当密码变得较复杂时,情况就不同了,这你在后面将看到.事实上模算术有一个重要部分,在今天所用较复杂的密码系统中发挥作用.但是我们先要浏览一下几种较复杂的密码方法.

● ●●●● ————— ●●●● ———— ●●●● ———— ●●●● ●

钟(或模)算术

孩子们在学习认识时间时学习钟或模算术.4点钟后13小时是几点钟?不是17点钟而是5点钟.12的倍数被减去,使数字在1与12之间.

以此为基础,产生了一个谜题:一个人疲倦了,在9点钟睡觉,并将闹钟拨到明晨10点钟.他睡了几小时? 孩子们通常回答13小时左右,而你一定立即发觉他只睡了1小时,那天晚上10点钟闹钟就闹了.

代换密码

苏格兰玛丽女王所用密码至少比恺撒所用的更加复杂.在她的方法中,把整个字母表都弄乱,并且加入虚假的字母和符号,以混淆结果.字母 B 可能代表 C,而 E 可能被 Z 代表.但是通过频率分析,仍可将密码破译出来(参阅下页的楷体文字).

开始克服频率问题的一种技巧是有规则地移动所用密码.下面的句子就正是用这种技巧作成密文的,你不妨试着将它破译出来:

This sentenc f ibt cggp gpetarvg f da wukpi vjg ngvvgt e vq ujkhv vjg coskdehw eb rqh hdfk wlph lw lv klw.

这句子的译文见脚注①.[1]

———————————

① This sentence has been encrypted by using the letter c to shift the alphabet by one each time it is hit.(这句子作成密文的方法是每次遇到字母 c 即将后面的字母按字母表移后一位.)

[1] 这里说明与实例恐有出入,只能大致领略其意义.——译者注

频率分析——拼字因素

沃尔辛厄姆用一种所谓"频率分析"的方法去破译玛丽的代码.在英语文件中,有些字母出现的频率比其他字母高得多.E 是频率最高的字母,其次是 T.事实上在一个长文件中,字母使用频率的模式是可预言的:

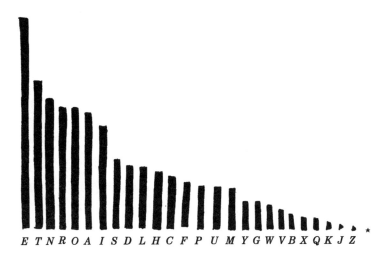

E T N R O A I S D L H C F P U M Y G W V B X Q K J Z

这些是政府电报的大样品中的字母频率.这种不均匀的分布使得简单的代换码很快被破译,因为 E、T、N、R、O 和 A 代表了全部所用字母的 50% 以上.这样一来,就需要更微妙的技巧,使 E 并不总是被同一符号代表.第二次世界大战中德国人的"谜"机器在每一字母后移动密码,结果频率分布几乎成一水平线,从而使密码难以破译.然而频率分析和对任何种类的不平常模式的搜寻仍是密码破译者的主要工具之一.

　*注意这种字母分布与拼字游戏中的分数之间的联系.字母频率愈低,拼字分数愈高,大致如此.主要的异常字母似乎是 U,它只得 1 分.无怪那些 U 难于去掉……

然而密文句子中的词按长度仍可辨认,因此密文制作者喜欢

将每 5 个字母写成一组,而不考虑词间空隙.于是上述句子就变成下面难读得多的样子:

thiss enten cfibt cggpg petar vgfda…

这种类型的密码的方便之处在于破译它的说明很简单.接收者只需知道说明"C1",意谓 C 是移动字母,1 是字母每次移动的位数.理想的代码是用密码本就容易破译,没有密码本就不可能破译的那种.过去战争中间谍之所以被侦破,往往是因为他们所带的复杂破译系统储藏在笔记本内,而笔记本被敌人发现,比起简单的说明像 C1 来,容易得多.

矩阵代换

当被编码的不是单字母而是双字母时,破译密码变得更加困难.在简单的代换密码中,信息"*A CAB*"可被翻译成 *D FDE*.但是利用格子来将成对的字母译成密码,情况就比较微妙.*A CAB* 变成 *AC AB*,然后译成密码如下:

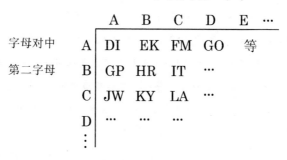

字母对中第一字母

		A	B	C	D	E …
字母对中	A	DI	EK	FM	GO	等
第二字母	B	GP	HR	IT	…	
	C	JW	KY	LA	…	
	D	…	…	…		
	⋮					

AC 变成 *JW*.*AB* 变成 *GP*.结果 *A CAB* 变成了 *J WGP*,而 *A* 呈现为两个不同的密码字母 *J* 和 *G*.现在需要译出的不是 26 个符号,而是26×26即 676 对符号.这使密码破译者难以应付,可惜这

却意味着被授权的译码者有一个大的矩阵供查考.如果他能有更简单的东西作为他的密码本,情况会不会更好些呢？有没有小矩阵可以做同样的事情呢？的确有一个！

把字母 A 到 Z 改成数字 1 到 26,上面的码格可用两个公式重新表示出来.在这些公式中,P_1 和 P_2 代表一对原先作为数字的明码字母(例如 A,B 是 1,2),C_1 和 C_2 是密码字母:

$$C_1 = 1 \times P_1 + 3 \times P_2 \quad (模\ 26),$$
$$C_2 = 2 \times P_1 + 7 \times P_2 \quad\quad (模\ 26).$$

试用上式于字母对 AB,它的数字形式是 1,2.

第一字母变成 7(字母 G),第二个变成 16(字母 P).所以 AB 在译成密码后变成 GP.

锁和钥匙——矩阵的新用途！

19 世纪的数学家们引进了一种表示方程的新方法——矩阵.

$$\begin{pmatrix} 1 & 3 \\ 2 & 7 \end{pmatrix}$$

这矩阵的内容与前面两个密码公式完全相同,只是更精确.破译矩阵是第一矩阵之逆(模 26):

$$\begin{pmatrix} 7 & 23 \\ 24 & 1 \end{pmatrix}$$

矩阵可用作间谍和密码工作中像"锁"和"钥匙"般刺激人的东西的想法,在学校课程中是从来没有的！

进行相反程序时,用适当的译码公式,在这例中即是:

$$P_1 = 7 \times C_1 + 23 \times C_2 \quad (\text{模 } 26),$$

$$P_2 = 24 \times C_1 + 1 \times C_2 \quad (\text{模 } 26).$$

我们仍可作试验.G 是 7,P 是 16.于是得:

$$P_1 = 7 \times 7 + 23 \times 16 \quad (\text{模 } 26)$$

$$= 417 \quad (\text{模 } 26)$$

$$= 1$$

$$= \text{"A"}.$$

$$P_2 = 24 \times 7 + 1 \times 16 \quad (\text{模 } 26)$$

$$= 184 \quad (\text{模 } 26)$$

$$= 2$$

$$= \text{"B"}.$$

嗨,它管用! 译码者现在可以带着具有公式中 4 个数字 7,23,24,1 的形式的密码本(他也可把它写成矩阵的形式——参阅上页的楷体文字).需要提醒的是,计算是相当可怕的,必须用计算机.

转置密码

所有上述密码例子的缺陷在于信息中字母次序没有改变.如果把字母次序弄乱,像字谜游戏一样,可以使人困惑得多.一个很简单的转置技巧是将信息写在矩形上.例如,*WE HAVE RUN OUT OF BEER*(我们啤酒喝光了)被写成:

$$W \ E \ H \ A \ V \ E$$

$$R \ U \ N \ O \ U \ T$$

$$O \ F \ B \ E \ E \ R$$

然后沿纵列从上向下读,作成密码:

$$WROEUFHNBAOEVUEETR.$$

矩形的尺度决定弄乱的程度,这些尺度可以在信息开端处传达.例如 $DEAR$(4 个字母,亲爱的)$MOTHER$(6 个字母,母亲)可用来暗示 4×6 矩形.这一技巧的各种不同方式被美国北方用在内战中.

北方如何用密码打击南方

密文术在美国内战中起过大作用,必须指出,北方的联邦支持者们比南方的邦联支持者们灵巧得多.亚伯拉罕·林肯(Abraham Lincoln)领导下的联邦支持者们用了转置密码,而且确信他们会有规则地改变他们的密码本.联邦支持者觉得这些密码不可能破译——他们在绝望中甚至在报纸上公布截获的联邦信息,要求公众帮助他们找出解答.同时邦联支持者们自己的代码不很协调,有些将军甚至求助于尤利乌斯·恺撒的方法.不消说得,很多这些信息都被敌人破译了.

当转置与代换相结合时,破译密码开始变成真正令人头痛的事.但是还不及陷阱门更加令人头痛……

陷阱门和真不可破译

你现在已经知道密文术背后的大部分主要原理.要了解现代密文术是如何工作的,你必须想象以上所讲的每一件事都已经变得复杂到一万亿倍.这就是计算机为我们所做的.

近年来,密文工作者们已经设计出被有些人认为几乎是完美密码的东西——如果有计算机就容易作成和译出,但是即使用地球上最强大的机器也不可能破译.

多年来,数学教授们在象牙塔内不停地研究数论学科.这一数学领域属于纯学术界.这门抽象学科几乎没有什么著名的实际应用.到 1976 年为止,情况一直是如此.就在那一年,数论家迪菲

(Diffie)、赫尔曼(Hellman)和默克尔(Merkle)向全世界宣布他们已经发现了他们所说的陷阱门函数,它完全适用于密文学.

陷阱门密码所以得名,是由于它们的"单向"性——任何人都容易掉进陷阱门,但是出来要难得多,除非你有良好的梯子.

这里是一个数学陷阱门.计算一下你做下面两个题目需要多长时间:

题 1　13×23 是多少?

题 2　哪两个数相乘得 323?

用计算器,立即可解出题 1 得 299.解题 2 所费时间长得多,因为需要用试错法.答案是 17×19.这是唯一的答数,因为 17 和 19 是素数,就是说,它们不能被 1 和自身以外任何别的数整除.

将 17 与 19 相乘,比算出 323 的因子容易得多.那么如果所选两个素数不是 2 位数而是 100 位,设想情况如何.把它们相乘,计算机只需要几秒钟.但是已知它们的积,要算出这两个素数,计算机将花费几百万年,因为必须做大量的尝试.这就是陷阱门的秘密.

用陷阱门密码编码时,密文工作者先秘密地选择两个大素数,各有(比如说)100 位.将这两数相乘,得到一个约 200 位长的更大数,我们称之为 M.最后,密文工作者找到第三个素数.它不须很大——101 就可以了.我们称这数为 P.

原来的信息被译成单一的数.例如,如果 A＝01,B＝02,等等,结果信息"SEND MORE MONEY(多送些钱)"就变成"19051404131518051315140525".现在必须将这译成密码——事情从此开始变复杂.

信息数被升高到 P 次幂,但是用模算术.前面的例子在译成密码时用的是模 26.那无法与陷阱门函数相比,这里用的是模 *M*.
(*M* 是 200 位数,计算时用大素数.)因此结果将是一个约 200 位
的数.200 位结果代表原来的信息,但是它的形式完全不可读(别
忘了原来的信息 SEND MORE MONEY 只有 26 位,所以它看上
去与密码信息一点也不像).

这时发送者对密码破译者说:"好,打开这一个伙伴!"为了做
相反的计算,密码破译者必须找到 *M* 的两个素数.即使有全世界
最强大的计算机,他也需要过一百万年才找得到.然而如果原来两
个素数已知,译码者用计算机可以非常迅速地取得信息.这两个素
数代表梯子,有了这梯子,就能从陷阱门内回出来.

　　陷阱门函数也许是许多数学技巧中的精华,这些技巧被用来
保证没有人能违规地读出电子邮件、银行结余或卫星电视广播.它
们已经把一度被天才的业余爱好者所拥有的领土变成了只有最
好的数学头脑才能对付的学科.

　　不过它们使兴趣有点消失了.

第 *9* 章

为何公共汽车三辆一起来?

旅游没车引出各种各样难解之谜

人人知道,如果你想赶上一辆公共汽车,你花许多时间等着,然后三辆车将同时来到.这至少是一个通俗的都市神话,通俗得足以成为一本书的题目.然而在数学家看来,这真的是神话.公共汽车通常并不是三车同到,而是两车同到,其原因可以从第 90、91 页的楷体文字中找到.

不过暂时让我们假定公共汽车的确三车同到.如果真的如此,那么一个著名的长票乘客的梦魇可能毕竟不是梦魇.

可能你属于那种运气不好的人,当你有一个重要约会时,总是错过公共汽车.你会想到,刚刚错过公共汽车,永远不能是好事情.然而如果三车同到,那么刚刚错过一辆公共汽车可以意味着你将会较快地到达目的地.

这怎么可能呢? 你错过公共汽车怎么会真的是好事情呢?

为了研究公共汽车现象,我们必须设计一个所谓数学模型——虚构一些数字,将实际情况加以简化.只要所作假定是合理的,这些模型就有助于我们理解事物的工作方式.

错过公共汽车能是好事

假定公共汽车每隔 15 分钟从车库驶出一辆,但是当它们到达你那车站时,每三辆车会合在一起.为了讨论,我们还要说会合在一起的三辆车只相隔 1 分钟.

因为三辆车是在任何一段 45 分钟的时间内离开起点站的,下图表明三车会合的一组与另一组之间的间隔应是 43 分钟.

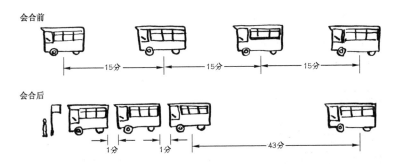

现在我们假定你刚刚看见一辆车离开你那个车站.你不知道这是会合三车中的哪一辆.它是第一辆车、中间车或最后车,都同样可能.假如它是第一辆或第二辆,你只需等 1 分钟,下一辆车就来了.然而假如它是第三辆,你必须等 43 分钟.

这意味着下一辆车到来之前你必须等候的平均时间是

$$\frac{1 \text{分} + 1 \text{分} + 43 \text{分}}{3} = 15 \text{分}.$$

但是如果你到站时站上没有车,怎么样呢? 换言之,当你没有刚刚错过公共汽车时,发生的是什么情况? 这意味着你是在公共汽车之间的一个间隔中到达的.你可能在 1 分钟的间隔中到达,但是你在长间隔中到达的机会是 $\frac{43}{45}$.而且你可能在长间隔中的任何时候到达——间隔刚开始,需要等 43 分钟,或间隔结束处,下一辆车即将到达.因此现在你必须等候的平均时间是 $\frac{(43+0)}{2}$ $= 21.5$ 分.即使把你在 1 分钟间隔中到达的较小机会考虑进去,如果你看不到一辆车驶离你那车站,你实际上花费的等车时间也比你看到一辆车驶离时平均超过 5 分钟.

公共汽车真的三车同到吗?

公共汽车为何会合,其原因与公共汽车公司计划不当无关.会合是生活中的简单事实.即使公共汽车每隔 15 分钟准时开出车库,乘客到达车站的稀密程度却并不是始终一致的.他们的到达随机得多.可能在公共汽车路线的某一点,突然有大量乘客到达,当然他们都必须付钱才能乘车.这一动作使公共汽车慢了下来,从而使下一站集合了更多乘客.

同时,现在后面的一辆车不仅更接近了前面的车,而且因为乘客到达两车之间的时间较少,第二辆车揽到的乘客就较少.因此第二辆车行驶得更快.现在两车进入恶性循环,结果几乎必然使第二辆车赶上第一辆,于是两车一起完成全程.这就是公共汽车有两车会合倾向的原因.

公共汽车沿着路线行驶得愈远,它愈有可能与另一辆车会合到一起.如果出现三车会合现象,这多半是在长途车接近终点站处.还有较常发生这种现象的原因是公共汽车始发时间太近,换言之,公共汽车路线的班次太多.多么富有讽刺意味的是:"最佳"公共汽车路线却因车辆会合而获得最坏的名声.

那就是为什么刚刚错过一辆车能缩短你的总旅途时间的原因.

然而这个奇怪的结果的确是以公共汽车三车会合为依据的.如前面的楷体文字所示,公共汽车两车会合的可能性比三车会合大得多.如果两车会合,结果证明刚刚错过一辆车对你的等车时间没有影响.

对错过公共汽车的乘客说来,最坏的情况是车辆根本不发生会合.这时错过公共汽车意味着等候 15 分钟,而看不到公共汽车现在意味着只平均等候 7.5 分钟.但是在这情况下,如果你看见一辆公共汽车正在离站,至少你知道今天车辆在运行……

两个方向的公共汽车和火车

与公共汽车会合问题有关的是真正会发生的另一怪现象.假定你那公共汽车站离车辆掉头反向行驶的终点站很近.你注意到一个现象:当你随机地到站赶车时,你几乎总是先看到反方向的一辆车,然后才看到你的方向的一辆车到来.它给人以一种预谋的感觉.你要不要投诉和抱怨? 对于不均匀公共汽车问题的解释是与下面楷体文字中对花的故事的解释相似的.

萨拉怎会得到所有的花?

菲尔(Phil)有两个女朋友,他去看她们时都乘火车.贝基(Becky)住在市北,萨拉(Sarah)住在市南.因为他不能决定该去看谁,他就让机会来决定.他每天在随机时间到达车站,如果向北的车先到,他就去看贝基;如果向南的车先到,他就去看萨拉.一个月后,菲尔开始感到命运正在试图告诉他什么,因为他只看过贝基两次,而萨拉有28次.这如何解释?

答案与火车的频率无关.火车向北和向南的运行是同样频繁的.事实上解释很简单.向南列车到达菲尔所去那车站的时间是正钟点和正钟点后过15、30、45分.向北列车到达的时间是正钟点后过1、16、31、46分.因此如果他随机到站,他在向南列车前的长间隔中的可能性比在向北列车前的短间隔中大得多.(事实上可能性大到14倍.)

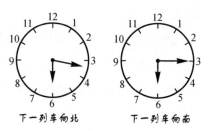

下一列车向北   下一列车向南

让我们为你的公共汽车路线拟定几个时间.你的车站离路线终点只有1分钟的路程,整条路线运行一圈时间是15分钟.这意味着你的车每隔15分钟来一次.当你到达车站时,或者车在路线的长部分内,你就在13分钟间隔中,或者车驶向终点后返回,你就在2分钟间隔中.

既然你的到达是随机的,这意味着你在长间隔中的机会是13:2,因此你看到的第一辆车将是到达终点站前在路另一边的你的车.事实上,不管你的路线上有多少车,只要每隔15分钟来一辆车,这个比率总是适用的.所以会看起来好像公共汽车为街道另一边服务得比你这边更频繁,而实际并非如此.

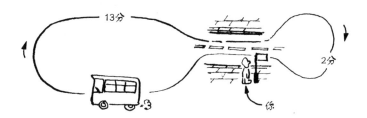

你在雨中应跑得多快?

本章中关于等公共汽车和火车已经讲得很多了.当然还有公共交通完全停顿,你必须步行的情况.如果这时下起雨来,你又没带伞,问题就成堆了.

一个古老的问题是你应该跑还是走.如果你跑,你会额外碰到许多本来可以避开的雨滴.另一方面,如果你走,你在雨中的时间将会长些,使两肩上落到大量的雨.多少年来,为这问题曾进行过认真的数学思考.结论是,要保持尽可能干燥,你应该跑得尽可能快.常识大概也会这样告诉你.

然而,这问题有一个惊人的转折.标准解假定雨是垂直降落的.如果有风,使雨斜落,将发生什么情况呢?

当雨垂直降落而你站着不动时,雨滴只击打你的头和肩.然而

走得快有时是不利的

如果有风从你背后吹来,那么有些雨也将击打你的背,即使你站着不动.这时好像雨的降落既是水平的又是垂直的.雨有一个水平速度.惊人的转折在于,当雨从你背后来时,有时走比跑好.不过这只适用在你能走得比雨的水平速度快的条件下.

为什么有时在雨中走比跑更干燥?

假定雨以角 K 降落,并且来自步行者的背后.

为简化计算,我们假定步行者是一矩形木块.(捆起他的手脚,砍掉他的头,就非常像了.)我们考虑 7 个因素:

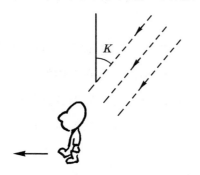

V 是雨的降落速度,

K 是雨的降落角,

D 是雨的密度(千克/米^3),

A_t 是步行者顶部的面积,

A_f 是步行者前面的面积,

H 是到步行者目的地的距离,

V_p 是步行者跑的速度.

这里没有足够的篇幅详述全部代数,我们得出如下公式的方法是分别算出多少雨击打步行者的前面和顶部,然后将两者相加.

如果步行者的行进速度至少与雨的水平速度一样快,落在他身上的总雨量千克数就是:

$$DA_fH+\frac{DHA_t\cos K}{V_p}\left(1-\frac{A_f}{A_t}\tan K\right).$$

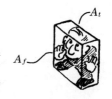

这公式的重要部分就是括弧内的那点东西.如果 $\frac{A_f}{A_t}\tan K$ 大于 1,公式右边就变成负的,即落在步行者身上的雨减少了.步行者可以控制他的速度 V_p,所以为了保持尽可能干燥,

如果 $\dfrac{A_f}{A_t}\tan K$ 大于 1，步行者不应走得比雨的水平速度快.（做深呼吸！）

人的前面的面积与顶部的面积的比通常约为 5.0.因为 $\tan 15°$ 约 0.2，这意味着如果雨的降落角大于 $15°$，回家时没有伞的最干燥的方法是以与雨的水平速度相同的速度行进.

你被淋湿到什么程度的公式见前面的楷体文字.然而总结起来，结论是：

如果你是典型体格的人，雨以从容步行的速度来自你的背后，那么你轻松前进将比全速奔跑淋着较少的雨.

换言之，在有些环境下，走比跑好！

这个看上去奇特的结果之所以产生，是因为在上述条件下，如果你跑得快些，多击打你前面的雨比由于减短回家所需时间而少落到你头上的雨来得多.

当然，等到你算出了所有这些结果，比起你完全不知道这公式的情况来，你身上将更湿了.

第 *10* 章

怎样切蛋糕最好?

为什么 4 点钟会是发生某些数学上的头痛事的时间?

下午茶看来是非常单纯的例行活动,似乎难以相信它与数学有什么关系.可是在舒适的 4 点钟礼仪里面隐藏着一些可由数学来帮助解决的迷人的问题.

我们从中心活动倒茶开始.与茶有关的大问题之一是使温度适当.或者当你第一次将茶杯端向嘴唇时热得滚烫,或者当你喝最后一口时已经快冷却了.对于学物理的大学生和举办乡村盛宴的人们来说,他们同样特别感兴趣的一个数学问题是如何用最好的方法保持茶杯中的温度.你应该先倒牛奶再倒茶,还是先倒茶再倒牛奶呢? 它们是有区别的,不过哪一种方法好,往往引起争议.

先放牛奶对于味道和你的社会地位有什么影响,完全是另外一个问题.

先倒牛奶还是先倒茶?

一般认为先倒牛奶将使杯内的茶保温较长时间.理由是物体

失去热量的速率决定于它自身的温度与周围温度的差.不含牛奶的热茶的起始温度较高,因此失去热量较快,虽然这差别小得难以察觉.

先倒热茶对于廉价陶器来说也是成问题的.突然改变温度能使厚陶器破裂.热茶不大会使精致的薄茶杯破裂,因为热量迅速散布到杯的外表面.这是社会上的富有阶级逐渐喜欢先倒茶的原因之一.由此产生这样的说法:"我们有那种不因热茶而破裂的陶器."

最少切几刀?

关于茶就讲这些.蛋糕怎么样? 切蛋糕的简单动作里面包含无数数学原理,其中很多自从维多利亚时代以来就被当作谜题了.

举例如下.你有一只生日蛋糕,要分给 8 个孩子.如何只切径直的 3 刀,而且不移动任何一块蛋糕,就能分成相等的 8 块?

答案需要一点侧面的思维(和侧面的切割).从上向下切两刀,第三刀从蛋糕侧面中间横切.

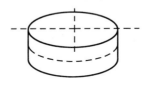

这是完全正确的谜题答案,但如果真正的蛋糕上有糖霜和杏仁糖,拿到从下半只蛋糕切成的块的孩子会很不高兴.事实上,如果你有一只布满糖霜的蛋糕,产生的问题是不同的.假定这蛋糕是方的,你需要把它切成同样大小的块,每块所含糖霜的量相同,该怎么切? 如果要切成 2 块、4 块或 8块,只需把蛋糕对半切,把切成的块再对半切就行.但是奇数块怎么办呢? 有一个略显古怪的方法,不管你是在为多少人切蛋糕,这方法都管用.你只需把周边划分成等长.例如,如果你的客人

共 7 位,就将正方形的周边分成 7 个等长.

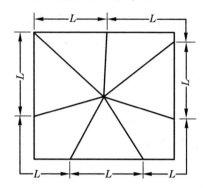

现在定出蛋糕的中心,从周边划分等长的标记切向中点,如图所示.这 7 块体积相等,所含糖霜量也相同,说明见下面的楷体文字.

▰▰▰▰　　　　▰▰▰▰　　　　▰▰▰▰　　　　▰▰▰▰

半底乘高——这是一块蛋糕(如果你喜欢代数的话)

切蛋糕的"周边法"的证明以三角形的简单性质为基础.假定蛋糕是 10 英寸见方,你要把它分成相等的 5 块,使每块所含糖霜量相同.下面的蛋糕在周边作出标记后已被切成 5 块.每一块被列出在右边.包含方蛋糕一角的块被分成两个三角形,左边标明的周边点 a、b、c、d、e、f、g 和 h 在右边同样标出.

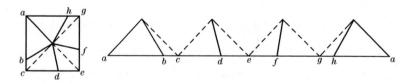

要算出各块的大小,你只需知道三角形面积的公式是面积 $= \frac{1}{2}$ 底 × 高.

每一个三角形有相同的高,5 英寸(原方蛋糕边长的一半).每一块蛋糕分得周边的 $\frac{1}{5}$,即 8 英寸.所以每一块的面积是 $\frac{1}{2} \times 8 \times 5 = 20$ 平方英寸.

不管你将蛋糕切成多少块,周边法都适用.

　　这方法适用于具有正多边形形状的任何蛋糕.如果你要将三角形蛋糕切成 10 块,你就标出周边的 10 个等长.把这知识储存起来,因为有一天会有人制作三角形蛋糕……

公平的游戏

　　在与孩子们有关的场合,等分蛋糕会是一个大问题.当他们认为蛋糕分得不公平时,他们很容易抱怨.成人不大会高声抱怨,虽然他们大概也在背地里着恼.那么你怎样保证蛋糕分得公平呢？假定我们有一只海绵状奶油面包,迫切需要立刻将它完全分割.

　　先看一个简单的问题.汤姆(Tom)和卡蒂(Katy)有一个奶油面包,他们的母亲想让他们各得半个.他们两人都不相信母亲能把面包公平地分成两半,都以为自己会吃亏.他们的母亲如何能保证两个孩子都相信他们受到了完全公平的待遇呢？

公平分配

　　答案是把刀给汤姆,让他分面包,然后让卡蒂选择她要哪一块.汤姆会把面包分得他相信两半等同,而卡蒂会选择她认为较大的那块.顺便说一下,这事有一个有趣的后果.汤姆认为留给他的正好是一半,而卡蒂认为她拿走的稍多于一半.汤姆的"一半"加上卡蒂的"多于一半",所得和大于1.如果从这数学的逻辑得出结论的话,那么在孩子们看来,面包切好后比开始切时多了! 对于任何希望让孩子们满意的家长来说,这是好消息.

如果有三个孩子,问题变得更复杂了.假定现在埃玛(Emma)来了.简单的策略是让汤姆把面包分成三块,然后让卡蒂选择第一块,埃玛选择第二块.可惜在卡蒂和埃玛都将认为自己所得胜过汤姆的同时,埃玛会觉得卡蒂有可能拿走了最大的一块.

由此引来妒忌的数学.这问题被许多数学家较详细地研究过,他们找到了从三个方向分蛋糕的方法,使得每一个接受者都相信自己拿到的那块最好.布拉姆斯(Brams)和泰勒(Taylor)两位先生就四个人的情形同样地处理了这问题.他们创造了著名的20步方法,保证蛋糕可以分得使每个人相信自己选择了最大的一块.这方法的大不利处是要从切片上刮去小块.很少人有耐心照这方法去做,如果蛋糕是黏性的,还会产生可怕的混乱.

然而布拉姆斯和泰勒发现他们的方法可用于蛋糕以外的其他事物.这些事物包括战后划分领土,离婚夫妻间分配财产,甚至分析遗产.所有这一切都证明蛋糕和三明治是研究公平数学的良

火腿三明治定理

火腿三明治定理是由约翰·图基(John Tukey)和阿瑟·斯通(Arthur Stone)两位数学家发展出来的.它说任何三个立体的体积能同时被单一平面平分,不管这三个立体放在哪里,也不管它们的大小或形状如何.这定理可用于任何三明治.现在这三个立体是两片面包和夹在中间的食物,而平分面则是刀切处.

　　这定理的意思是,不管面包片的形状如何(它们可以相互不同),也不管夹在中间的食物的形状如何,一刀切下去就能将三明治分成正好相等的两半.可惜这定理并未给出刀切的准确位置———只指出这样一种切法是存在的!

好出发点.不过它们也是罪过研究的良好初阶.

罪过和饼干

　　假定你和四位邻人被 27 号奥卡拉汉(O'Callaghan)夫人邀请去饮茶.你们到达时,她取出一壶茶和一盘饼干,饼干共五块,四块巧克力的,一块普通的.你猜想大多数邻人都是爱吃巧克力饼干的.

　　这盘饼干放在桌上,当你们都在闲谈时,前三位邻人各吃了一块巧克力饼干.

　　你看看饼干盘,里面是一块巧克力饼干和一块普通饼干,你自己在想:"如果我拿普通饼干,我不爱吃,但是这时我没有负罪感.反之,如果我拿巧克力饼干,我吃得愉快,但是我将有负罪感———我该怎么办呢?"

　　问题是:你真的应该因为拿最后一块巧克力饼干而有负罪感吗? 毕竟如果第一个人拿了普通饼干,那么后面四个人将只有巧克力饼干可吃.所以或许第一个人应该有些罪过,因为是他使你处于这种尴尬的境地的.第二和第三个人也是如此.

这问题里面有罪过数学,它与概率论有些关联.如果 80% 的人在巧克力饼干与普通饼干之间喜欢前者,那么当第一位邻人拿巧克力饼干吃时,其余每一位邻人都要巧克力饼干的机会只有约 40%(这是 $0.8×0.8×0.8×0.8$,与第 6 章中生日计算相似).所以第一位邻人不必太有负罪感.

然而等到轮着你时,盘中只有一块巧克力饼干和一块普通饼干,另一位邻人要巧克力饼干的机会上升到 80%.难怪你有负罪感.但这时其他邻人都逐步增加了罪过,所以没有一个拿巧克力饼干的人是完全无辜的.

为了解决巧克力饼干罪过问题,有几种策略被提了出来.第一种策略是端起盘子到每个人面前要求先拿,问是否有人要普通饼干.如果有谁拿了普通饼干,那你尽可以拿你想要的巧克力饼干,而毫不负罪.这方法的不利之处是没人愿意拿最后一块饼干,不管是巧克力的还是别的.普通饼干突然成了罪过本身的来源.

另一种方法是让你说你不饿,这样别人可以把饼干分了.有人会说这种无私的姿态将使在座的其他人都尊敬你,而且能增进地球上人与人之间的友好关系.另外一些人会把这看作愚蠢的逃避.

● ● ● ●　　● ● ● ●　　● ● ● ●　　● ● ● ●

每片薯片都有可配对的

大家知道薯片的存在是从马铃薯薄片开始的.但是每片薯片的形状都不同吗? 如果你拿起两个普通的马铃薯,你想想看:有没有机会能找到来自不同马铃薯的两片完全相同的薯片?

令人惊奇的答案是:你总能在两个马铃薯上找到形状完全相同的两片薯片,尽管没有两个马铃薯是相同的.

为了弄明白为什么,设想马铃薯不是固体,可以像肥皂泡那样相交.

在相交处,左边马铃薯的周围与右边马铃薯的周围具有完全相同的形状.这意味着它们在这相交处一定有一片公共的薯片.事实上有无穷多这样的相交处,所以在每两个马铃薯上有无穷多公共的薯片!(只有当薯片无穷薄时,这才是严格真实的.)

马铃薯座相遇处的薯片

还有最后一种策略,就是把全部罪过归到奥卡拉汉夫人身上."原谅我,我们这里共有五位客人,可是只有四块巧克力饼干."这话大概能在奥夫人向街头小店跑过去时短期地解决问题,不过你可能是最后一次被请去饮茶了.

第 11 章

我如何能不骗而胜？

生活中几乎每件事可当作对策来分析

1947 年,斯蒂芬·波特(Stephen Potter)把世界引入招数制胜术的欢乐中,并把这种手段描述为"在比赛中不真骗而取胜的艺术".招数制胜术的秘密是与你的对手玩心理游戏来损害他.他举出的一个例子是讲一个招数制胜者在打高尔夫球时败给了他的对手.当对手走上去打平坦球道上的下一击时,我们的主人公用了一个著名的招数:

招数制胜者:……你是否介意我绕到你的这边？ 我要看你打这一击……[对手击球]……好.[停顿]

对手:老天爷,是的.你已经能有一条直的左臂了.

招数制胜者:是的.而且甚至那条直臂并不是像你曾经在击的那些臂中的几条一样直的.

对手:(高兴)不是吗？(怀疑)不是吗？(他开始琢磨起来……)

招数制胜术与对策论不同,虽然两者的终极目的差不多一样,即取胜.对策论是了解如何在"对策"中最大程度地取胜的整个艺术.这里"对策"一词用于最一般的意义,可以指生活的任何方面,只要那里至少有两个人在互相竞争.它是被研究得很广泛的数学分支,在军事界和经济界都很重要,因而它曾是至少两位诺贝尔奖获得者的专业.

对策论要求你不仅想到你正在做什么,还要想到你的对手的思维活动.英国板球运动员选拔组织前任主席特德·德克斯特(Ted Dexter)有一次在讲到他自己的组队策略时恰当地将它总结为:"永远做你的对手最不希望你做的事情."

约会

我们来举一个关于对策的简单例子.贾斯廷(Justin)和汤姆(Tom)在互相竞争中.他们两人都热恋着一个叫做萨利(Sally)的女孩子,两人都想在星期六与她举行约会.困难在于他们之中只有一人会成功,也许两人都会失败.萨利并不特别喜欢他们中任何一个,而且并无偏爱.她在下午 4 时离开学校回家,贾斯廷和汤姆都能做下面两件事情之一:

- 下午 4 时她一回家,就打电话给她;
- 亲自到她家去邀请她.

如果他们各自在下午 4 时打电话给她,谁先打通的机会是 50 比 50.

贾斯廷的家离她家很近,他可以在 4:15 亲自访问她,但是汤姆在 4:30 前不能赶到,因为他要乘公共汽车.

这里的难题是:他们都认为如果亲自访问她的话,她有 90% 的可能接受约会(只要她没有先接受那另一人);然而他们认为如果打电话给她的话,她只有30％可能接受约会.

所有这一切听起来也许是复杂的,可是,嗨,这对你来说是爱情,至少和这一样复杂的计算是经过大多数青少年的头脑的.

那么贾斯廷和汤姆该怎么办呢?

你也许有你自己关于策略的有用建议,并谈出许多步骤,但是为了评价这一对策,让我们换一种思路,多作一些分析,看看各种不同结局的机会如何.先从贾斯廷的观点来察看情况.

如果贾斯廷决定打电话给萨利,并且在汤姆之前先打通,他的成功机会仍相当低,因为她很可能在电话中拒绝他.如果他是第二个打通电话,他的机会更低.如果贾斯廷决定亲自去,结果如何呢? 如果汤姆也决定去,那么因为贾斯廷将比汤姆早15分钟到萨利家,他约会成功的机会非常高.然而如果汤姆决定打电话,贾斯廷现在只有"相当高"的机会被接受,因为萨利可能已经在电话中答应了汤姆.所有这些可以列入表中,这表被称为清算矩阵:贾斯廷可以选择打电话(第一列)或亲自去(第二列).

	如果贾斯廷决定打电话	如果贾斯廷决定亲自去
而汤姆先打电话	贾斯廷的机会非常低	贾斯廷的机会相当高
而汤姆后打电话	贾斯廷的机会相当低	(不可能)
而汤姆亲自去	贾斯廷的机会相当低	贾斯廷的机会非常高

从贾斯廷的观点看来,亲自去总是值得的,因为不管汤姆怎样做,贾斯廷亲自去总是比打电话好.换句话说,在每一种情况下,右列得分都高于左列.这称做他的优势策略.注意表中不需要确切数字.[①]

但是汤姆的清算表如何呢?

	如果汤姆决定打电话	如果汤姆决定亲自去
而贾斯廷先打电话	汤姆的机会非常低	汤姆的机会相当高
而贾斯廷后打电话	汤姆的机会相当低	(不可能)
而贾斯廷亲自去	汤姆的机会相当低	汤姆的机会极端低

这就是对策论起作用的地方.汤姆的第一直觉可能是亲自去,因为这是他唯一能获得相当高的约会机会的途径.然而我们现在知道贾斯廷无论如何要亲自去,因为这是他的优势策略.这意味着汤姆如果打电话,将有"相当低"的机会,但如果亲自去,只有"极端低"的机会.所以汤姆的最佳策略是打电话给萨利.

在这例中,对策论给予每一个比赛者一种可预计的"最优"策略.当然,正因为比赛者的策略是最优的,它并不意味着他一定胜.也许你正在怀疑的时候,萨利同达米安约会去了.他有一辆大摩托车.

---

① 我们在此没有引用确切概率,但在这情形中,它们是:"非常高"90%,"相当高"63%,"相当低"30%,"非常低"21%,"极端低"9%.

纸剪刀石头

并非所有游戏都对每一参赛者产生这样一种确定的策略.我们举著名的客厅游戏"纸、剪刀、石头"为例.在这游戏中,两个玩耍者各将一只手放在背后,或者手张开代表纸,或者手捏紧代表石头,或者两指伸出代表剪刀.于是在数到 3 后,他们同时把手向对方出示.如果两手形状相同,例如剪刀对剪刀,就算作平局,如果不同,则石头打败剪刀,剪刀打败纸,纸打败石头.

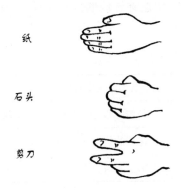

纸

石头

剪刀

可以用清算矩阵来表示这游戏.如果一个玩耍者胜了一轮,就得一分.如果平局,则不得分.

锡德(Sid)有三个可能的策略,当然是出纸、出剪刀或出石头.多丽丝(Doris)也有同样三个策略可用.下表显示每一种可能玩法的结果.

	锡德出纸	锡德出剪刀	锡德出石头
而多丽丝出纸	平　局	锡　德　胜	多丽丝胜
而多丽丝出剪刀	多丽丝胜	平　局	锡　德　胜
而多丽丝出石头	锡　德　胜	多丽丝胜	平　局

这个游戏与贾斯廷和汤姆玩的约会游戏很不相同.锡德和多

丽丝都没有优势策略使胜的可能达到最大或使败的可能达到最小.试从锡德的观点想一下这游戏:不管他选择哪一列,他将或胜或负或平,决定于多丽丝选择哪一行.多丽丝也一样:不管她选择哪一行,她将或胜或负或平,决定于锡德选择哪一列.

然而如果锡德能预料多丽丝下一步会怎么做(或相反),则他们中的一个肯定会遇到麻烦.在纸、剪刀、石头游戏中,如果你知道你的对手将出什么,总是有一个完美的策略的.例如,如果锡德知道多丽丝将出剪刀,他总是会出石头.但是在这情形中,多丽丝如果继续出剪刀,当然是愚蠢的.

事实上,玩这游戏的最佳可能策略是随机出手,使你的对手不可能对你的思路看出任何线索.一旦一个玩耍者的策略变得多少可以预料,另一玩耍者就得到优势,使游戏成为实际生活中的乐趣——我们尝试预测我们的对手在想什么.

对策论真正发挥作用,是在你的对手的策略直接影响你自己的决定的时候.在有些游戏中,竞争者之间的相互作用是几乎不存在的.在"蛇梯棋"[1]游戏中,因为它完全受骰子支配,就没有策略可言.然而在桥牌、足球或板球中,智胜你的对手是一个至关重要的因素,而对策论是大大有关的.

广告比赛

对策论在商务中特别重要,它能导致一些有点自相矛盾的情况.在竞争的市场中,你常会看到两家公司生产着几乎完全相同的商品,但是它们拼命地试图相互争胜.就某些商品例如洗衣粉或猫食而言,总的市场规模是相当固定的,只有市场份额会改变.(市场

---

[1]　一种利用掷骰子决定棋子移动步数的棋类游戏.——译者注

好像蛋糕,各公司相互竞争,都想获得最大的一块.)

吸引更多的人来买你的产品的一种方法是在电视上做广告.我们设想只有两种牙膏商标:"牙洁"和"白鲜".这时两种商标每年都获利 2 百万英镑而无需广告.然而每家公司的销售部经理都知道另一家可能即将开始做广告.广告需要很多钱,但是如果你做广告而你的对手不做,你就一定会获得暴利.

在这例中,我们将假定如果一家公司做广告而另一家不做,结果是后者的赢利失去.然而如果两家公司都做广告,结果就是相互抵消影响,没有一家公司多赢利,同时每家因广告费用而失去 1 百万英镑.

所有这一切在列入清算矩阵中时,是较易理解的:

	牙洁做广告	牙洁不做广告
白鲜做广告	各得利 1 百万英镑	白鲜得利 3 百万英镑,牙洁不得利
白鲜不做广告	牙洁得利 3 百万英镑,白鲜不得利	各得利 2 百万英镑

那么白鲜公司的销售部经理是怎么想的呢?他会看着矩阵的各列说:"如果牙洁公司做广告,我或者因做广告而终于获利 1 百万英镑,或者因不做广告而终于不获利.如果牙洁公司不做广告,那么我或者因做广告而获利 3 百万英镑,或者因不做广告而

获利 2 百万英镑.所以不管牙洁公司如何动作,我总是做广告较有利."

牙洁公司销售部经理看着矩阵中各行,得出相同的结论.因此他们都决定做广告.

可是……现在他们的获利少了 1 百万英镑,而假如他们都决定不做广告,他们都能保持原来的 2 百万英镑获利.这是异常的.他们用了完全正确的逻辑,实际上都以失利告终.那么谁得利了呢? 并非一般公众.他们确实可能同样以失利告终,因为两家公司既然失利,可能不得不提高售价.唯一受益的是广告业,它得到了额外的 2 百万英镑广告费.

发生意外的超市策略

1996 年,英国超市开始忠诚卡战.每家超市明白,如果他们发忠诚卡而别家不发,他们会增加市场份额.可是只要一家超市发了卡,其他超市必然同样发卡.这样竞争的结果是超市没有从它们的对手获益,却在发卡和给顾客折扣上花费很多.这是一个经典的例证,说明为什么公司有时宁肯参加"卡特尔".

公平比赛

牙膏悖论的所以产生,是因为两家公司互相竞争而不愿意坐下来互相合作,[①]而且自由市场体制也积极阻止它们合作.不妨想一下,是否真的只有这两家牙膏供应厂商.它们感兴趣的可能是一起抬价,使它们都更多获利,而购买牙膏的人除了多付钱外别无选择.这种卡特尔能使"自由市场"比赛不公平,这是像在足球比赛

---

① 这与出自一个著名例子的被称为"囚犯两难推理"的数学悖论相似,在这例子中,两个囚犯都供认罪行,结果还是被判长刑,因为他们没能互相商量.

中一样需要规则和裁判的一个原因,在这情形中,裁判就是公平贸易局.

个人与团体间有利害冲突的另一个例子发生在高速公路上.想象这样的情况:你被提醒前面过去一英里有一个道路闭合处,三车道减为二车道.你发现自己在中间车道上徐徐前行,但是有几个自私的人在外车道上巡行,然后在你前面远远地超车抢档.显然地,如果你想在排队中比别的车开得快些,像这样的不道德做法是对你有利的.但是如果每个人都比赛公平,在第一次提醒出现时就使自己进入二车道,车流实际上会快得多.正因为有些驾驶员只顾自己的利益,所以每人的处境都变坏了.

这最后两个例子描述的都是这样的情况:人们之所以不采用总体最优策略,是因为他们没有机会讨论和合作.奇怪的是,有时有这样一些比赛:所有比赛者实际上会同意最佳策略不是产生最大支出的策略.

以保险为例.我们大多数人都办理保险.我们把钱付入罐中,这里就是保险公司的账目.除了骗子,谁也不会在办保险时有赢利的想法.事实上从长期看,每个投保人都不可能获利.保险公司付出的钱不可能比收到的更多,因为它们需要为支付经营事业的费用和支付给股东留余地.在保险中,我们被保证总体上要输掉,但是为什么我们还要进行保险呢,原因是我们宁可肯定输掉一点点,而不愿意可能输掉很多.(这相似于彩票输赢:我们愿意失去少许钱,只要它使我们有可能赢很多钱.)

人人都输的比赛

最后,有一些比赛是参加者只要能退后一步保持头脑完全清醒就一定不会去玩的.诉讼行为和雇用行为就是结果使双方看来都输的比赛常例.往往把走向法庭和举行罢工的理由说成是"原则"问题,但是原则可以是要花很多钱的.

假定联合洗瓶公司的 5 000 名雇工对工资不满.他们要求增加工资 10%.资方答应加 2%.双方都说不愿让步.我们从无数过去的例子知道,最后双方会在中间某个数字上把事情定下来.当所有因素都经过考虑后,确定的数字大概在 5% 与 7% 之间的某处.可惜双方都拒绝让步,谈判没有进展,劳方继续罢工.经过 1 个月的刁难之后,联合洗瓶公司与工会商定 6%.双方都把它看作胜利而欢呼.

数百万英镑拨入工资预算,但是每人都为此而付出沉重的代价.公司失去了短期销路和一些常客,以及从别的预算转入人工成本的钱.劳方在同时可以得到更多薪水,但是需要一年多才能使挣的钱弥补罢工中损失的收入.有些雇工可能在生产力协议中完全失业.

很可能对公司来说罢工的中期成本远远超出因不加足工资而省下的钱,同时继续罢工意味着劳方最终获得的钱总的来说比假如他们接受资方原先的建议要少些.看来每个人都输了.然而像我们前面考察过的广告比赛一样,双方由于没有协商和合作,能发觉自己不得不接受"双输"策略.

如果对策论能教给我们什么,那就是有些比赛完全应该避免.

第 *12* 章

谁是世界最佳?

运动员排名背后的数学

从童年时起,似乎就有一种基本的欲望,要把人排名次.当两个队长挑选他们的队员时,每个孩子都从运动场上讨厌的列队知道他或她的价值.这种排名的特性继续到成年(虽然男人通常看来比女人更关心些).我们喜欢知道谁是第一,谁是最末,谁进步了,谁退步了.排名能意味着对现实的总括性的简化,这看来并不重要.而把一个名字放在名单的顶端,却是富有诱惑力和说服力的.

对一般公众来说,排名的重要性莫过于在体育运动中了.排名造成好的头条新闻,并且有助于满足公众对回答"谁是世界最佳"问题的要求.有些排名,像网球排名,能决定一个运动员是否参加比赛.另外一些像国际足球和板球排名,主要是为了满足观众的兴趣.

任何人都能写出他们对所喜爱的运动员的个人排名,但是由于对运动明星的感情过于高涨,以至于正式排名由个人来决定是很不可取的.欧洲电视网歌唱比赛能避开这种情况,但是没有一个运动迷会信任专家组的判断力或独立性,除非专家组排出的最前十名正好是运动迷认为是正确的.这就是体育运动信任数学来计算排名的原因.毕竟数学是精密的,符合逻辑的和客观的,为什么不呢？

可惜甚至数学排名也引起争论.似乎在排名中"最佳"运动员经常不是顶级人物.怎么会是这样的呢？

运动员排名前发生过什么事？

30 年前没有正式世界排名.竞争者被选入参加比赛,往往纯粹根据组织者个人一时的想法,或者在一段时期内所得全部奖金就成了参赛资格.两种制度都是争论的话题.一个运动员可以只因为他的脸不适合而被排除在外,而按金钱的排名可以被改变,只要一个有钱的国家决定提供的奖金远远高于他们的比赛的重要性所值的代价.

1973 年,职业网球协会(ATP)有许多老的主观方法.他们设计了一种分数制,使运动员可以被"客观地"比较.数学模型第一次认真地进入运动员排名的世界,从那以后,实际上每一个队和个别运动员都照着做.

1973 年 8 月 23 日
1. 内史泰斯（Nastase）
2. 奥兰茨（Orantes）
3. S.史密斯（S. Smith）
4. 阿希（Ashe）
5. 拉弗（Laver）
6. 罗斯沃尔（Rosewall）
7. 纽科姆（Newcombe）
8. 帕纳塔（Panatta）
9. 奥克尔（Okker）
10. 康纳斯（Connors）

第一次网球运动员排名

为什么运动员排名不能简单？

排名的整个要点是应该公正.如果这活动能被一般公众所了解,排名也是有用处的.复杂的数学公式引起怀疑,因为运动迷不能领会结果背后的推理.可惜的是公正和简单并不总是走在一起的.

举两个运动员排名产生方式的简单例子.

1. 将每次比赛的分数相加

在这排名法中,每一次比赛都有得分,运动员或运动队因参加尽可能多的比赛而获得排名分.这是最容易的排名方式,对于例如足球联合会是理想的,因为在联合会中每个队必须参加同数的比赛.这种方式在一级方程式赛车中也管用.

但是在个别运动例如网球或高尔夫球中有一个问题,因为比赛数比运动员实际能参加的次数多.在像网球这样的运动中,运动员易于受伤,把所有得分加起来的排名法可能促使本应休息养伤的运动员去拼搏.这种排名法成了同时衡量谁最适合和谁最佳的方法.这甚至在足球中也是真实的,因为队员人数最多的队在一季度之末会处于优势.

2. 每次比赛平均得分

避免以适合性为基础来排名的一种方法是以运动员比赛成绩的平均为基础来排名.粗略的板球平均排名法就是这样做的.击球手在 5 个完全局中得 200 分,则平均得 40 分,而在 6 局中得210 分,则排名较低,因为平均得 35 分.

然而这种制度有许多缺点.一个击球手只比赛一次而得 41 分,将比上述两人排名都高,但事实上他没有做出多少成绩来证明自己.为了避开这点,板球平均排名法为平均分规定了一个资格水平,例如"击球手必须至少比赛 10 局".这样仍能由于严格的截止而导致严重的异常.9 局中得 1 000 分不会有资格;10 局中得100 分倒会有资格.澳大利亚的比尔·约翰斯顿(Bill Johnston)是一名好的投球手但却是很差的击球手,他于 1953 年正式登上了澳大利亚击球平均排名的首位,因为他在一季中得 102 分而只出赛一次.这使他的队友们大为欢乐,原来他们曾经竭尽全力帮助他产生这异常的结果.

假如平均分制被用于网球,而一名运动员不是必须参加比赛,他就可以拒绝参赛,原因只是参赛会有损他的排名.例如,如果一名运动员在 10 次比赛中获得10 000分(平均1 000),然后如果他参加第 11 次比赛而得 0 分,他的平均就降到 $\frac{10\,000}{11} = 909$ 分.他不会想去冒这个险.

如果有些比赛吸引较强的运动员胜过吸引其他人,上面两种排名制也会受到歪曲.在博格诺里吉斯参加完小型台球比赛获胜,显然不应与参加世界锦标赛获胜得到同样的分数.否则的话,各种各样的无名运动员都会高居榜首了.

奥运会的不公正？

在奥运会中,许多年来参赛国在报纸上都是按照所得金牌数排名的.这个简单的名次表被广泛地接受,但是它忽视了赢得金牌的事件的重要意义,并且可能过分重视金牌而对银牌重视不够——而英国是知道它的价值的.

在 1996 年奥运会中,名次表上英国(1 金 8 银)位于阿尔及利亚(2 金 0 银)之后.英国比赛成绩是不好,但是真的不如阿尔及利亚吗？如果一金得 4 分,一银得 2 分,一铜得 1 分,将会产生更加公正的排名表.

正是诸如此类的基本问题使大多数运动项目采用更复杂的排名方法.大多数这类排名法的基本原理都一样：

• 参加大型"硬"比赛获胜可得较多分.

• 通常将运动员的平均成绩(奖励优秀)和他的累计总分(奖励工作努力者)相结合.

• 大多数排名考虑前几年的成绩,虽然运动员去年的表现比起当年的表现来关系较小.

他们这样做的确切方式因运动项目而异.例如,高尔夫球排名以简单平均为基础,但是加以明智的调整,来对待那些没有足够参加比赛的运动员.排名计算法是将运动员的总分数除以他参加比赛的次数.然而如果运动员参加比赛的次数少于 10 次,他的总

两个一半的比赛

从排名表得出错误结论是如何地容易呢?

这里是一个联合会的比赛结果,其中队名用字母代替.联合会中共有 10 个队,这是季度表的最后部分,所以每个队互相比赛两次,一次在主场,一次在客场.胜一场得 3 分,平局得 1 分.

	比赛	胜	平局	负	得分
A	18	11	2	5	35
B	18	9	4	5	31
C	18	9	3	6	30
D	18	8	3	7	27
E	18	7	5	6	26
F	18	7	3	8	24
G	18	6	5	7	23
H	18	5	6	7	21
I	18	3	8	7	17
J	18	3	5	10	14

你会解雇哪一个队的经理? 如果 A 在下星期和 J 比赛,谁将胜?

一个安全的答案是解雇 J 队的经理,把钱放在 A 一边,相信它下星期会打败 J.但是在这情形中,结论是完全错误的,因为……

这些队不是足球队,他们是互相抛掷硬币的人.结果是很真实的.根据硬币哪一面朝上,决定结果是运动队胜、平局或负.每个队按照相同规则进行比赛,所以他们胜的机会是相同的.经理们绝对不能做什么事去影响结果,因此赞美或批评经理是没有意义的.如果在下一次抛掷硬币的比赛中 A 队与 J 队相遇,两队的获胜机会相等.毕竟如果你抛掷硬币时五次正面朝上,第六次抛掷时正面朝上和反面朝上恰恰是同样可能的.

然而奇怪的是,这表看上去正像一个平常的足球表.这是否意味着足球联合会和一些在每星期抛掷硬币的队差不多,那些经理们遇到硬币朝上的一面对他们不利时束手无策呢? 在真正的足球赛中,硬币大概是偏向某些队的,但是运气肯定起着作用,并且是你不应在任何种类的运动员排名中加进太多东西的一个理由.

分仍除以 10.例如(这些数字是虚构的):

福尔多   12 次比赛中得 60 分,

$$排名平均 = \frac{60}{12} = 5.0.$$

巴利斯特罗斯   8 次比赛中得 40 分,

$$排名平均 = \frac{40}{10} = 4.0.$$

即使如此,这种方法将倾向于对只参加 10 次比赛的人比对参加 30 次比赛的人有利,因为在少数比赛中保持良好成绩比在大量比赛中容易.

网球和足球排名只选取一年中最佳成绩(分别是最佳 14 次和最佳 8 次).这样就倾向于对参加大量比赛的运动员稍微有利,因为他们有较多的好成绩可供选择.

有一种板球赛叫 Test Cricket,这种板球赛中有一个问题:运动员们每年参加比赛的机会多少是不同的.澳大利亚可能举行 12 场比赛,而津巴布韦只有 3 场.这样,累计分制会不公平,所以评分制就改以复杂的加权平均为基础.即使如此,要设计出对每个国家都公平的制度还是很费事的.

现在已经开始觉得似乎没有一种运动找到了对于用分数给运动员排名的完美答案.但是即使平均与累计分之间的冲突能解决,运动方面的数学排名仍会导致看来有异常的结果.

怪事和异常

运动员排名中有三种常见类型的异常是无法避免并能导致混乱或笑话的:

1. 运动员虽然成绩差或没有参赛而排名上升了

1992 年,斯蒂芬·埃德伯格(Stefan Edberg)在周末遭遇他一生中最惨的一次失败即负于罗比·韦斯(Robbie Weiss)时高居 ATP 排名榜首,韦斯名列第 289.这是在几乎所有运动员排名中会发生的那种奇怪结果的极端例子.

在网球排名中,运动员的当年比赛得分取代了前一年的比赛得分.埃德伯格前一年的比赛成绩不好,所以甚至 1992 年的中等成绩已足以为他得分.

在网球中,重要的是你进入哪一轮比赛,而不是打败你的运动员排名如何.如果埃德伯格被安德烈·阿加西(Andre Agassi)淘汰,他就再也得不到什么荣誉了.

关于埃德伯格排名上升的解释是完全合乎逻辑的,但是如果不知道所包含的简单原理,头条新闻《埃德伯格在可耻的失败后登上榜首》的大字标题会使排名制看上去荒唐可笑.

类似的大字标题可能出现在足球方面,如《纽卡斯尔(Newcastle)未经参赛而登上联合会榜首》.发生这种情况的原因是,比如阿森纳(Arsenal)和纽卡斯尔按日计算的分数开始持平,但是阿森纳在净胜球数方面超前.如果此后阿森纳以 3 比 0 负于对手,纽卡斯尔就可以在净胜球数方面走向前列.

2. 排名对待明星和普通运动员是一样的——但公众不然

有些运动员比他们的成绩所值得的吸引更多头条新闻:路易斯·苏亚雷斯(Luis Suarez)和凯文·彼得森(Kevin Pietersen)就

是近来的例子.他们由于瞬间的才华、由于容貌、由于丑闻或由于人类的弱点(有时四者一起)而博得名誉.但是他们在公众眼睛中的显赫意味着人们期望他们永远在运动员排名中居于高位.媒体的注意并不是能便利地转变成分数的东西.

3. 计算机无法捕捉运动场合的微妙和神奇

或许这个因素是难以单独运用统计学来评价运动员的最重要的原因.人类的情感是没有数学公式可以表述的,然而它却是许多运动成绩所借以记得的.美国体操运动员克里·施特拉格(Kerri Strug)

"男孩比赛110%"

如果一个队要想胜,它应比对手好多少? 有时这差别只须很小.如果一个英国网球运动员与一名对手实力相同,但由于温布尔顿当地的支持而增进服务10%,就足以使他在比赛中取胜.一个足球俱乐部只需比联合会中其他俱乐部在比赛中取胜的可能性约大20%,就在大多数年内有更大的机会在联合会中取胜.如果运动员们真的能比赛"110%",大概就足以从联合会中的中间位置转成最高位置.

在扭伤踝骨后帮助她的队获得奥运会体操项目的金牌.格雷格·诺曼(Greg Norman)在1996年美国高尔夫球锦标赛的最后一轮把球打坏了,从而使尼克·福尔(Nick Faldo)多获胜.1995年,迈克尔·艾瑟顿(Michael Atherton)打了一天以上取得185分未出局的成绩,使英国对南非免遭失败.

大众的敌意、运气、紧张和突然的戏剧性场面是很难量化的,结果这些因素就被排名所忽视,但是因为它们是促使运动员伟大起来的真正因素,所以在硬数字与公众感觉之间总是存在着差异.

那么谁是所有时候的最伟大运动员呢?

一个高尔夫球运动员可能接连在三次比赛中获胜.一个棒球运动员可能打出一连串相继的本垒打.一个足球运动员可以在数季内比其他任何人进更多的球.

然而在很多这种情况下,统计学理论本身能解释一个特定的运动员在一伙人中成绩领先的原因.有点像本章前面的"硬币抛掷"联合会,有人必须比其他运动员在温布尔顿比赛中多胜几次,有人将比其他任何人多打几个一击入穴.十个顶级运动员之间的差别往往单独用运气就能解释.然而,有些运动员太卓越,统计上超过他们的对手太远,以致不能用机会来解释他们的成功.科学家斯蒂芬 J.古尔德 (Stephen J. Gould)分析棒球赛的成绩,并作出结论说,仅有的不能单独用机会解释

的一连串辉煌成绩是乔·德马乔(Joe de Maggio)的一连串 56 个相继的安全回合.在板球运动中,唐纳德·布雷德曼(Donald Bradman)也是如此,因为他的统计远比曾经生存过的任何别的击球手优越.这当然是统计学家的观点.并非每个人都同意统计学家,理由见本章中别处.那些喜爱体育论争的人将会乐于知道永远不会有正确的答案.

第 *14* 章

第 13 章怎么了？

坏运气能解释吗？

吐司落下时总是有黄油的一面向下.银行假日总是下雨.你买彩票从来不赢,可是你知道别人似乎……你是否曾经有过你生来运气不好的印象？甚至最理智的人有时会相信一种力量出现,使不幸的事在尽可能坏的时候发生.我们都愿意相信墨菲(Murphy)法则是真的("如果会出差错,就将出差错").

坏运气的部分解释是数学的,但部分是心理学的.人对坏运气的感觉与有趣的巧合(参阅第 6 章)之间的确有很密切的联系.

例如,人们相信"坏事总是接连发生三次"(正如公共汽车……!).这个普通的观念不大可能经得起任何科学研究的检查,但是它一定有经验上的基础,否则这句话根本不会产生.那么合理的解释会是什么呢？

第一个问题是:"什么是坏？"

有些事情的坏只具有边缘性质,例如列车到达晚了五分钟.有些事情是极端坏,例如考试不及格或者被开除.所以坏最好表示成由浅而深的广大范围,而不要表示成不是有就是没有的一样东西.

一个特定的事件可能只由于周围环境而成为不幸.列车晚点五分钟在你没有急事而一边阅读着有趣的报纸文章一边等候时是中性事件.如果你延误了一次重要的聚会,那就是坏事了.

如果到了坏事接连发生三次的地步,最为重要的可能是第一事件的持续时间和难忘性.以你在假日外出时水管爆裂为例.大水浸满屋子可能只需要不到一小时,但是这件坏事能使你记住并感到震动达许多月之久,其间需要做清洁工作,还要同保险公司进行争议,从而经常提醒你记起原先的事件.

第一件坏事使你记忆犹新的时间愈久,你就将有愈多的机会去经历另外两件坏事.一个月后,有人从后面撞了你的车,又一星期后,你丢失了你的结婚戒指.对于第一事件已经渐渐淡忘的记忆将会迅速跃起,把随后的不幸联系起来,成为一连串事件的组成部分.即使发生每件事相隔的时段可能长达两个月,也不要紧.当你已经从水患中恢复正常时,你就在积极提防着下一次灾难.时段已经被延长得与证实原先的预言所需要的一样长.

和巧合一样,在坏运气方面有一种找寻证实理论的例子而忽视不能证实理论的例子(因为它们不大使人感兴趣)的倾向.单个的坏事件经常在发生.仅这一点就足以证明上述理论不成立.坏事也有两件一起发生的.但是更可能一个朋友会告诉你"我遇到了三件坏事,这不典型吗?"而不大会说"我只遇到了两件坏事,恰恰证明这理论不成立".毕竟后者是蔑视命运的!

然而,坏事为何可能聚集在一起,至少有一个合理的原因.它与概率和独立性有关(参阅第59页内容).不祥事件并非总是相互

独立的.任何被解雇的人必然要经受抑郁.这就将降低身体的抵抗力,使人容易得病,也使他们缺少警惕性和反应能力(所以他们也许更可能失手坠落例如贵重的花瓶).因此,虽然在任何特定的日子被解雇的概率和生病的概率可能都很小,但是两件事都发生的机会几乎肯定高于两个概率的积.

读图不幸

以上都是生活中发生的坏运气的一般事件.现在我们来看人人遇到过的特殊事件.

你出去看望一个住在本市另一端的朋友.你在地图册上找那条路,发现它正好在一页边上.这意味着要找出精确的路线,必须反复地从一页到下一页翻来翻去.或者这条路一半在一页上一半在另一页上,或者它在书中间延伸,经过折叠处.如果这是全国地形测量图,那么你的目的地正好在你把地图折叠起来的地方.

这看来不公平.毕竟地图只有一点点"边",而你的目的地可以处于其中的"中间"则是大量存在的.是不是这样呢?事实上发现目的地接近地图边上的机会比你可能期望的高得多.

看一下这里的地图.

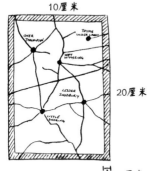

每一页 10 厘米 × 20 厘米——地图总面积 200 平方厘米

影线面积是全部面积的 28%

你有一个问题:你的目的地是否在图中影线面积内的某处.这影线面积占一页四周各 1 厘米宽.这看来无关紧要.然而这影线面积共计 56 平方厘米,这面积是地图全页面积的 28%,这意味着你在这地图上找寻的任何特定的点有 28% 机会(差不多三分之一)在页边 1 厘米内的尴尬位置上.如果你认为在页边 2 厘米内就算尴尬,坏运气的机会上升到 47%[1].换句话说,你在出行中几乎每隔一次就可能预期这种不幸会发生.

和大多数坏运气故事一样,你忘记路不在尴尬位置的次数,而记得在尴尬位置的次数,在这情形中,坏结果的机会高得使你不久一定要诅咒你的不幸,或诅咒地图的印刷者,或两者都诅咒.顺便说一下,这就是许多现代的道路图容许相邻页在相当程度上交叠的原因.在一本好的道路图册内,至少一页的 30% 在另一页重复.

---

[1] 应是 52%.——译者注

当我急忙赶路时红绿灯总是红的

在好与坏之间作出不公平比较的选择性记忆的最好例子之一是路程中红灯和绿灯的相对频率.偶然感到"当我急忙赶路时我似乎总是遇到红灯",这是真实而可证的.为了简化情况,设想红绿灯就像抛掷硬币,50%机会是红的,50%是绿的.(事实上大多数红绿灯亮红色的时间长.)如果你在途中遇到 6 次红绿灯,那么你避得过红灯的可能性犹如连续抛掷出 6 次正面一样,这机会是 $\frac{1}{64}$.

红灯出现的频率正和驾驶员不急忙赶路时相同;事实是时间不紧迫时出现红灯的害处小得多.上述感觉的错误部分是红灯的出现多于绿灯.错误的原因只是驾驶员关于红灯比绿灯考虑的时间多,因为后者是片刻即逝的——事实上关于绿灯的经历和在开放的道路上驾驶毫无区别,而红灯迫使你改变行为,需要暂时用力和进入紧张状态,然后失去自由约 1 分钟.红灯牢记在心,绿灯瞬息便忘.

别人买彩票都赢,那我为何不赢呢?

最后当然还有彩票.亚当(Adam)从学校回家,说:"贾森(Jason)的姑母刚刚赢了 500 英镑!"他的姊妹梅兰妮(Melanie)说:"喔,我们学校有人家中赢了 1 000 英镑."爸爸说:"真令人吃惊,昨天一个家伙在工作时告诉我,他的一个朋友也曾经赢了大奖."这家人不能相信,他们的朋友看来都是幸运的,而他们不是.

当然,这里的谬误是据他们报告买彩票中奖的人里面没有一个人是他们的朋友.事实上这故事没有什么惊人之处.梅兰妮报告了最大的赢利,但是她的故事可能来自多少人? 她的学校可能有 1 千人,每个人家中可能有 10 个人.这就使得产生这故事的可能来源有 1 万个.一宗相当不错的彩票赢利作为故事可以有 4 星期的保存期.如果在最近 4 星期内这 1 万人中间共买了 1 万张彩票,那么实际上很可能其中有一个人会赢 1 000 英镑.赢大奖的故事传播很快,而没中奖的彩票则默默地被遗忘.9 999 张全被遗忘.亚当的故事恰恰同样容易解释,爸爸的故事则太模糊,连究竟中奖是在上星期、上个月还是去年都不清楚.

不祥的 13

13 是著名的不祥数字,不过这迷信来自何处,并不清楚.迷信的建筑师在高层建筑中不设 13 层楼,迷信的作家甚至不写第 13 章.与 13 有关的最有名的不祥事件是"最后的晚餐".13 日星期五是举事的最不祥日子,而正巧一个月的 13 日遇到星期五比遇到一星期中其他日子更可能.这是统计上的偶然,源于格列高利历中日子的循环.

数学关于幸运和不幸有许多话可说.然而无疑的是,不管背后有什么合理的原因,有些人看来总比别人更幸运.拿破仑(Napoleon)皇帝惯常使用一种提升"幸运"将军的政策.是无意义的迷信吗? 不一定.拿破仑敏锐的军事头脑会告诉他,凡是过去使他的将军幸运的,大概会再一次如此.或者像高尔夫球运动员阿诺德·帕尔默(Arnold Palmer)有一次所说:"我愈实践,就愈幸运."

坏运气转好——如何能利用坏运气的故事

"我的丈夫哈罗德(Harold)年轻时非常不幸,曾经同一个女巫有过争论,"玛格丽特(Margaret)说.她愤怒地咒他——"他注定要在一生中余下的日子里一直倒霉.他永远迟到,因为列车被取消了;如果感冒流行,你可以打赌他将染病,但最糟的是他迷上了赌博,而且当然是大输家.每次他去赌场,他就输一大笔钱."

"那一定是可怕的,玛格丽特.我奇怪你竟会一直做他的妻子."

"哦,这是我可能遇到的最好的事.我赚到了我的百万,我可以弥补哈罗德的损失而有余!"

她是怎么获得她的财富的呢?

玛格丽特总是陪伴哈罗德去赌场.不管哈罗德把赌注下在哪里,玛格丽特就在相反的地方下加倍的赌注!

第 *15* 章

这是谁干的?

日常逻辑,从神秘谋杀到议会辩论

有一则夏洛克·福尔摩斯(Sherlock Holmes)故事名叫《银焰》,讲的是一个腐败的驯马师想毒害他自己的马.在故事中,福尔摩斯作了他最有名的推论片段之一.检查员格雷戈里(Gregory)问福尔摩斯,有没有什么证据是他希望检查员注意的.

"注意狗在夜间的奇怪事件,"[福尔摩斯回答]

"可是狗在夜间没做什么,"[检查员说]

"这就是奇怪事件,"福尔摩斯提请注意.

福尔摩斯明白,狗所以不叫,是因为它认识闯入者,由此证明闯入者一定就是狗的主人.

这个推理的例子说明,没有被说出的东西有时能和被说出的东西同样有用.政治家们在说"无可评论"时,始终在泄露着信息.毕竟要是他们有什么正面的话要说,他们肯定会热切不过地评论一番的.

政治家们也以别的方式泄露信息.假定一位部长宣称:"我乐于说失业人数在过去 4 个月中的 3 个月下降了."关于 4 个月前和 5 个月前的失业情况,你能推断出什么呢? 初看起来,什么也没有.

但是不要忘记,政治家是擅长把信息表述得尽可能有利的.假定失业人数在 4 个月前上升.这就意味着在最近 3 个月中每月都下降,所以假如真的这样,我们的部长肯定会用更动人的说法:"失业人数在过去 3 个月中每月都下降."

同样地,假如失业人数在 5 个月前下降了,他会骄傲地宣称:"失业人数在过去 5 个月中的 4 个月下降了."

派对帽游戏

这里是一个小小的推论游戏,它的内容是做一个有趣的实验.你需要三顶纸帽,其中两顶颜色相同(比如两顶红的,一顶蓝的).你还需要两个志愿者面对面坐着.

给他们看三顶帽子,然后让他们闭上眼睛,给每人戴一顶帽子.当他们睁开眼睛时,他们必须仅仅通过观察另一人的反应来推论自己所戴帽子的颜色.

他们不知道你给他们两人戴的都是红帽子.很多成年人根本不能作任何

推论(他们只是猜).但是任何一位志愿者要是作如下推理,就将作出准确的推论.

"假定我戴的是蓝帽子.另一人知道只有一顶蓝帽子,因此他将立即明白他戴的一定是红帽子.可是他没有作出这个简单的推论,所以我只能认为我戴的是红帽子,而不是蓝帽子."

　　这种技巧一直用在统计表述中,留心寻找它是有趣的.在第6章(第57页)中有一句话:美国最早的五位总统中的三位都死于7月4日.第五位总统门罗是这三位[1]总统之一,否则的话,这巧合会被表述成更引人注意的"最早的四位总统中的三位".

　　我们显然可以从福尔摩斯那里学到很多东西.他至今仍是侦探小说中最受欢迎的侦探之一,他的迷人之处不仅在于他侦破的罪行的性质,还在于他自己的人格.福尔摩斯因能够纯粹根据事实并运用纯粹推理,不为感情所干扰而著名.他是任何逻辑思想家的最伟大的角色模型之一,虽然看来福尔摩斯从不说笑话,所以他确实不会为社交聚会带来很多欢笑气氛.

　　可是福尔摩斯有什么东西关系到数学呢? 真实和谎言,蕴涵和推论,相容性和不相容性,是每个人日常生活的一部分.我们运用它们,靠它们生活,完全没有考虑到数学.数学所做的事是给予

[1]　原误作五位.——译者注

逻辑以很精确的语言和记号,以助于保证逻辑的严密性.没有严密的逻辑,就容易走向错误的结论.举一个《爱丽丝漫游奇境记》中的著名例子.

"于是你应该说你意指什么,"三月兔继续说道.

"我说,"爱丽丝(Alice)急忙回答;"至少——至少,我意指我所说的——这是一回事,你知道."

"完全不是一回事!"制帽匠说."噢,你同样可以说'我看见我所吃的'和'我吃我所看见的'是一回事!"

推论——对或错

推论不是仅仅适用于犯罪领域而已.事实上任何谈话中都包含推论和隐含之意,常用的标志是"因此"这个词.但是这些推论有多少次是假的?

孩子们发现下述辩论是很有趣的."在有风的天气,树木将枝条摇动起来.因此风是由树枝摇动造成的."你可能会笑,但是你如何向孩子证明这说法不是真实的? 你需要找出一个反例,譬如沙漠中有风但无树,或者更好的例子是在没有风的地方树木摇动着枝条.后者是可能的,但要花大力气去摇一棵树!

所有斑马都是有条纹的动物,但这是否意味着所有有条纹的动物都是斑马? 当然不是.这与爱丽丝的错误相似."我意指我所说的"不一定就是"我说我所意指的"的意思.(实际上要弄清楚这两个语句的区别是很费事的.)

你能上像斑马一样的逻辑错误的当吗? 试试这个.

有人从一副纸牌中发出四张,每张牌都是一面图形另一面花纹.于是这人说:"桌上任何一张一面是三角形的牌,另一面总是条纹."

如果你想肯定他的话是真的,你需要翻转哪些牌?

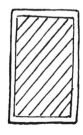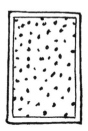

你可能想在继续读下去之前决定你的答案.

通常的反应是翻转有三角形的牌和有条纹的牌.然而正确的答案是需要翻转有三角形的牌和有点的牌.如果你翻转有点的牌而背面是三角形,这人的话就是假的.翻转有条纹的牌发现正方形或翻转有正方形的牌发现条纹并不证明什么.

这里混淆之处在于"所有有三角形的牌背面都是条纹"这句话和"所有有条纹的牌背面都是三角形"是不一样的.这是另一种斑马谬误! 证明这一点的便利方法是运用所谓维恩图.这种表述逻辑的方法是在 19 世纪由约翰·维恩推广的.

假定世界上所有斑马和所有有条纹的动物都已经被围了起来.斑马现在被关在大圆笼内.笼内任何动物都是斑马.笼外任何动物都不是斑马.

现在你需要一个笼来关所有有条纹的动物.虎、卷尾狐猴和许多别的动物都在这笼内,但是所有斑马也在内.(我们把那些能长成得没有条纹的任何斑马略去不计!)

做这事的方法是在斑马笼外面建造条纹动物笼.斑马是条纹动物集中的特例.集是以共同点为标志的事物的集合体,在这情形中,共同点就是有条纹.

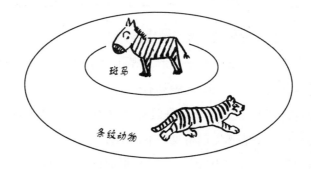

这一切都是相当简单易行的,但是它的任务是容许用一种简单的形象化方法来证明谬误的辩论.

斑马谬误经常在法律工作中起作用.例如在一个案件中,一个人控告他的公司造成了他的耳聋.双方都同意"长时间受到工厂中机器高声的影响导致听觉丧失"的说法.然而原告的论点是这证明了他的听力损伤是由于长时间受到机器高声的影响.这可能是真实的,但是除了机器高声以外,还有许多别的引起听力损伤的原因——例如缺损基因.具有某种缺损基因只是有时可能导致听觉丧失,这使事情进一步复杂化.

这个简单的例子可以放入维恩图中,于是表示出三个集:听力损伤的人,长时间受到机器高声影响的人,以及具有缺损听觉基因的人.

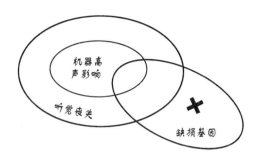

注意"机器高声影响"集在"听觉丧失"集的里面.这代表原先的说法:每一个长时间受到机器高声影响的人会经历听觉丧失.然而从图中清楚地看到,并非每个丧失听觉的人都受到过高噪声的影响.有些人在机器集外面,但在听觉丧失集里面.

具有缺损基因的人的集与另外两个集都发生交叠.有些具有缺损基因的人听到太多的噪声,因而遭受听觉丧失.有些人简单地遭受听觉丧失.在以 X 为标志的范围内的那些人仍然听觉良好.

数学家和逻辑学家用特殊记号代表维恩图中各个区域,但是知道这并不重要.图本身已经说明了一切.

儿童、逻辑和"非"

儿童在很小的年龄就能懂得一些复杂的逻辑.例如,一个三岁大的小孩能懂得这样的话:"如果你不穿上外衣,你不能到外面去."这话可能引起跺脚和眼泪,或者立即依从,也可能两者同时.

有趣的是,这么幼小的人能懂得语言中的两个否定成为肯定,可是大概还要过几年才能用简单的算术作出同样的解释."非"功能是儿童掌握得特别快的一个功能,大概因为它在幼年时代起的作用太大了.("不"要发出那噪声,"不"要接触那插头,和"不"要对狗做那事……)

作家们通常不大敢用双否定,因为可能造成混乱.更坏的是三重甚或四重否定.在最近一次关于电视节目的讨论中,一个被采访者说:"我不是说 9 点钟前没有不适合儿童的节目⋯⋯"

如果你弄懂她这话的意思很吃力,这大概是因为她在话中用了三个否定.它们是"不是说""没有"和"不适合".弄懂这类语句的意义的最快途径之一是拿掉两个否定.于是那妇女所说的话就等于:

"我是说有不适合儿童的节目⋯⋯"

可惜事情不是很像那一样简单.如果你说"我不贫穷",是否和"我是富有的"意义相同? 不,不很相同.维恩图又一次很快地对它作出解释.世界可分成富有的、中等的和贫穷的.这是三个互斥集——没有人能同时在两者之内.不贫穷的人是所有那些在图中低收入笼外面的人.但是他们不仅仅是富有的——同样还有中等的.因此不贫穷并非总是富有,尽管有时是如此.

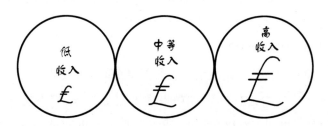

语句总是"真"或"非真"(或假),事物总是"在内"或"在外",但两者不能兼得,这一原理是传统逻辑的基本原理,虽然我们以后将看到,这原理是有局限性的.任何从事侦查、科学或法律工作的人,都深深地依靠着它.

所以福尔摩斯提醒大家注意:"当你消灭了不可能的东西之

后,那剩下的任何东西,无论怎样不大可能,一定是真实."

这种思想再一次给我们中有些人提供了保证,例如把护照遗忘在屋内什么地方了,一旦你把所有房间从上到下都找遍而没有找到,剩下的就只有不大可能发生的事了.也许它确实从地板缝掉下了.也许它被狗吃掉了.

计算机和逻辑门

我们已经看到,真语句和假语句可以用位于维恩图上圆圈或笼之内或之外来表示.计算机所做的正是这样的事,只是它们改用数字来表示真和假.真是 1,假是 0.

计算机中解释一个指令的每一道逻辑检查叫做门(不要与比尔·盖茨(Bill Gates)[1]混淆,虽然他与大多数门有关).假如你有办法用全视显微镜看清楚计算机电路的内部,你会发现一切都只是由三个简单的逻辑函数所构成:

- 非
- 与
- 或

这个语句是假的

上述语句是真是假? 如果它是真的,那么它是假的.但如果它是假的,那么它是真的! 这个小悖论曾经是逻辑和哲学方面大论述的中心,因为它指出"真"和"假"的概念并不总适用于语句.

这里有一个任何儿童都懂的简单"非"语句."如果你尖叫,我不给你读故事."

------

[1] 盖茨的原文 Gates 与 Gate(门)的复数形式相同.——译者注

计算机会解释这语句如下:

输入(尖叫)   **输出**(读故事)

"如果输入"是"真"则   "不读"故事

"如果输入"是"非真"则   "读"故事

或用表列出:

输入(尖叫)	输出(读故事)
1 ⟶	0
0 ⟶	1

"与"语句将是:"如果你吃鸡和汤菜,我就给你读故事."这里有两个输入:鸡和汤菜.结果列入下表:

输入 1(鸡)	输入 2(汤菜)	输出(读故事)
1	1	1
1	0	0
0	1	0
0	0	0

所以提供故事的唯一输入是鸡和汤菜都"真".

最后,"如果你戴帽子或带伞,你的头发就将保持干燥"是"或"函数的例子.

输入 1(帽子)	输入 2(伞)	输出(干头发)
1	1	1
1	0	1
0	1	1
0	0	0

给你讲计算机就到这里.每一件事情,从计算 5 的平方根,到宇宙飞船登上火星,都由"与"门、"非"门和"或"门组成.数百万个

这些门以正确方式(你也许猜得到,这可是棘手的部分)联结起来.

人脑是否也纯粹由"与"门、"非"门和"或"门组成?这是"人工智能"背后的大问题.许多人认为人脑的工作方式是完全不同的,所以人类的逻辑可能有错误,但是也远比计算机更有创造力.

模糊逻辑

近年来,计算机程序编制员开始意识到人的逻辑与计算机逻辑之间的一个大区别是人并不总是想"是"或"否",而有时想"可能".

有人形容天气时会说"这是晴天".肯定这语句是绝对不含糊的吗?可惜不是.假定天空中有一朵云.可能这仍是晴天.两朵云呢?还是一千朵云呢?不,现在是多云天气了.但是这意味着在两朵云与一千朵云之间的某处,天气变得不是晴天了.这事情不是

"异或"(EXOR)和客厅电灯开关

大多数家庭有两个分别管客厅电灯的开关,一个在下楼的门边,一个在上楼的门边(举例如此).这是所谓"异或"功能的最常见的例子.它与"或"功能不同.如果下楼开关或上楼开关开着,灯就亮,但如果两个开关都开着,灯就熄掉.

计算机电路可以利用"与""非"和"或"三个门构造得像"异或"门一样动作,如下图所示:

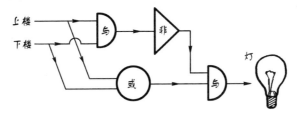

用 1 代表"开关开着",0 代表"开关关着",由此对灯产生的结果和两个机械开关相同.要做试验,你可以试四个可能的输入对中的任一个:0、1,1、0,0、0 和 1、1.

立即发生的,而是逐步发生的,不过有一个绝对多云点,这时任何人会突然不再称天气为晴天了.没有人能确定这时间,所以在"这是晴天"这语句中存在着模糊性.

人们倾向于不喜欢分界点,因为这些点把相互很接近的事物人为地分开.一个例子是:居民们埋怨街道的一半在低市政税市镇,而另一半在另一个高税市镇."为什么我应该付给市政会 900 英镑,而那些住在对面的人付给他们的同样的税只有 400 英镑呢?"理想的做法是市政税应该是模糊的.

模糊性也适用于像"苏珊(Susan)看上去很像吉尔(Jill)"这样的语句.苏珊的容貌必须与吉尔如何相近,才使这语句成为真的呢? 没有正确的答案,但是人可以坦然地作出这陈述,而计算机在传统上是不会的.这就是为什么程序编制员已经开始从把每一事物分类为绝对的真(1)或假(0)转到给以两者之间的值.半真语句将是 0.5.

模糊性适用于本章开始时出现的两种职业.像福尔摩斯这样的侦探总会让"可能"留在他的陈述中,直至一个犯罪嫌疑人被证明有罪.而任何政治家知道模糊性能使他保住职位.至少我们可以这样说.他们不可能这样说.

第 *16* 章

为什么我总是在交通阻塞中?

高速公路、自动扶梯和超市有一件共同的事:排队

约翰(John)住在国王街 10 号.出于习惯,他每天早晨 7:30 准时离家上班,不管怎样,他总按规定时间 8:00 提前几分钟到达市中心联合洗瓶公司办公室.

约翰的邻人布赖恩(Brian)也在联合洗瓶公司工作,但是他离家上班总是稍晚一些.为了喂猫食,留张条子给送牛奶的人,熨烫前一夜忘烫的衬衣,他往往在早上约 7:40 坐进车子,约 8:30 到办公室,这时约翰正在写第四张备忘录.

约翰和布赖恩选择的路线相同,车型相同,驾驶习惯也完全一样(相同的最高速度、相同的加速度等),但是布赖恩在路上多花了 20 分钟.这是怎么回事呢?

你当然明白,这不是偏题,而是日常现实的例子.许多乘车上下班的人会认识"如果我晚 5 分钟出门,通常要花掉我半个小时"的问题.

但是怎么会发生这种结果的呢? 这当然与交通发展有关,但

是它与数学有什么关系呢？答案是交通属于数学的一个有趣的部分,称为排队论.

红绿灯

设想约翰和布赖恩的行车路线是上城市路,这条路上只有一套红绿灯.城市中的红绿灯通常设计得对交通状况很敏感.如果在比如说 30 秒内没有车通过红绿灯前面的传感器,灯大概就要变为红色了.然而在交通拥挤时间,车辆不断驶过传感器,灯就在预编程序上保持绿色.在城市路,红绿灯序列恰好是 20 秒绿之后 40 秒红,一段绿灯时间足够让 10 辆车通过.这意味着平均每分钟有 10 辆车通过城市路上的红绿灯.这就是所谓红绿灯的"服务率".

早上离开家的人数,大概是从 6 时开始稍稍有人,7 时变得人流较稳定,8 时上升为大量拥至,然后再减少,到 10 时几乎没有人了.只要进入城市路的车辆数("到达率")在每分钟 10 辆以下,同时车辆分布均匀,红绿灯就能应付.每分钟进入路内的车辆都能在单独一段绿灯时间内通过.尽管这系统能应付每分钟 10 辆均匀分布的车,但只要驶来第 11 辆车,就开始堵车.于是开始排成持久而增长的队,等候红绿灯的转换.

我们从上午 8 时开始,这时车还没有排成队,红绿灯转成红色了.

时间	下一分钟到达的车	1分钟内经过红绿灯的车	1分钟后红绿灯转成红色时的排队长度
8：00	11	10	1
8：01	11	10	2
8：02	11	10	3
8：03	11	10	4
⋮	⋮	⋮	⋮
8：20	11	10	21

　　所以在 20 分钟内,排队的车达到 20 辆.事实上情况比这更坏.首先,交通拥挤时间形成时,到达率愈来愈高,于是到了8：20,它可能上升到每分钟 20 辆车,而只有 10 辆通过红绿灯.因此发生一个问题:当排队长度变长时,可能开始会排到路上先前的一套红绿灯处,这意味着一些车辆也许甚至不能在先前的红绿灯显示绿色时通过那里.除这以外,再加上车辆到达时并非均匀分布而是呈会合状态的实际情况,你就可以知道快要出现交通混乱了.

　　如果红绿灯处排成队的车共 25 辆,而布赖恩的车是其中最后一辆,那么他不仅不能一直通过这红绿灯,而且还得等候红绿灯两次变换的持续时间,他这一批 10 辆车才能通过.如果红绿灯的变换只是每分钟一次,这意味着他在路上已经失去至少 2 分钟.所以回到原先的情况,为什么约翰在路上的时间比布赖恩少 20 分钟,其根本原因在于红绿灯的服务率不够高,不能应付特大的交通量.

没有红绿灯的排队

　　排队使交通设计者大伤脑筋.但造成排队的不仅仅是红绿灯.对车辆自由流动的任何约束都可能引起排队——例如一条绕行路线,一个事故,或者道路施工.排队的一个较不明显的原因是一辆车在行驶途中慢下来或暂时停下,然后再开走.

你可能亲自经历过这情况.你以每小时 70 英里的车速沿高速公路行驶时,突然前面的车辆慢了下来,你紧急刹车,一面咒骂施工前景或前面的事故.但是在停车开始后约 5 分钟,前面的车开走了,你又突然回到每小时 70 英里.并没有任何事故或阻塞的迹象.这几乎好像是幻象中的撞车事故.

事实上所发生的情况是高速公路达到饱和点了.十足的车流量把我们自己的车与前面的车之间的间隔打乱了,而我们为了感觉安全,是都喜欢有这种间隔的.如果由于某种原因,前面的车慢了下来,而你紧随其后,你也得慢下来.当前面的车又加速了,你需要一点时间去作出反应,所以在一瞬间两车之间的间隔变宽了些.然而你后面的车仍以你那较慢的速度行进.如果他后面的车靠得很近,他也必须刹车.

你在脑中想象沿着高速公路行驶的减速车的"冲击波".如果你愿意的话,设想你握着大弹簧的一端——如果你摇动弹簧,你将看到受压缩的弹簧圈的脉动沿着弹簧长度行进.这是车辆遇到的现象.这个脉动的行进速度能影响车流的情况:是渐渐停止,还是恢复正常.要理解这一点,较容易的方法是思考另一个日常排队问题:自动扶梯.

一个人的鱼是另一个人的泊松(Poisson)……

为什么鱼贩子店前甚至在安静的早上有时也排着队? 这完全要归结到所谓泊松分布.如果到达店中的顾客的平均数是每分钟一个,这并不意味着每一分钟恰好有一个顾客到达.第一分钟可能一个也没有,下一分钟三个,再下一分钟只有一个.如果到达量真正是随机的,平均每分钟 A 个顾客,那么在任何给定的一分钟有 N 个顾客到达的机会由下式给出:

$$\frac{e^{-A}A^{N}}{N!}.$$

这里 $N!$ 是 N 阶乘,这公式是谜一般的数字"e"(参阅后面第 156 页)的另一场客串演出.如果平均每分钟一个顾客(A 是 1),那么用这公式,在任何特定的一分钟有 4 个人到达鱼贩子店的机会约是 0.02,或 $\frac{1}{50}$ 的机会.

泊松分布适用于交通阻塞,也适用于购物排队,它给交通设计者的生活增加更多的麻烦.

脉动和自动扶梯

由于不愿让楼梯作为唯一的上下楼工具,伦敦的快步上下班者喜欢在开着的自动扶梯上向上走.它有助于减去路上时间中宝贵的几秒钟.但是它只是使一个疲倦的旅行者站到错误的一边,让整个行进中的一队人达到停顿状态.

发生的情况是这样的:紧跟在旅行者后面走着的人突然停步.正像高速公路上的车流一样,行人停步的脉动现在沿着自动扶梯传下去.如果自动扶梯上挤满了人,全程直到底部的停步可能几乎是瞬时的.

现在假定阻塞清除,停步队伍前面的人开始重新起步,就像高速公路上减速的车加速一样.

我们来看下页的图,并虚构一些数字:

自动扶梯以每秒 2 级的速度向上移动.在动作暂停的一瞬间,位于阻塞前端的乔(Jo)离自动扶梯顶端 10 级.在她后面 5 级的克里斯廷(Christine),离顶端 15 级.在克里斯廷后面 5 级是斯蒂芬(Stephen),离顶端 20 级.我们假定一个人注意到自己前面的人已经开始移动然后自己开始行动需要一秒钟.乔现在开始在自动扶梯上向上走.

现在我们把钟拨过 5 秒.5 秒钟后,开始行走的人的"脉动"已经移下 5 个人(每秒 1 人).这意味着脉动已经到达克里斯廷,她又开始在自动扶梯上向上走.因为已经过了 5 秒钟,以每秒 2 级上升的自动扶梯已经移上 10 级,所以克里斯廷现在只离顶端 5 级.在她后面 5 级的斯蒂芬仍旧不动,但是现在自动扶梯已经把他带到离顶端 10 级处.

5 秒钟后……

10 秒钟后,移动队伍到达斯蒂芬,他开始向上走去……但是他发觉自己现在无论如何已经在顶端了.行进乘客的脉动已经沿自动扶梯向上移动到了顶端——而且它现在立即消失! 其余顾

客仍旧站立不动,这种情况将继续下去,直至到达自动扶梯底部的乘客之中有空隙为止.而这完全是因为乘客移动的脉动是沿自动扶梯向上的.如果自动扶梯行进较慢,而乘客们能较快地对他们前面开始移动的队伍作出反应,那么脉动就会沿自动扶梯向下移动,而自动扶梯上的静止队伍中会很快重新充满着行走的人们.

这现象所表明的是,在任何流动的交通行列中,不管是车流或人流,都会有减速流或加速流的脉动.这脉动将移向拥塞处的前端或移向后部,随总流量的相对速度和个人的反应时间而定,这能造成自行消除的阻塞和长达 10 英里的阻塞之间的区别.

走得慢为了走得快

你如何使车辆在 M25 公路上走得快些? 答案是使它们走得慢些.

1994 年,交通设计者决定对交通拥挤时间内的速度极限进行试验.当 M25 公路上交通量大时,速度极限从每小时 70 英里减低到每小时 50 英里.结果是极端车辆脉动较少,车流平稳多.最好的是,完全停车/开动数减少,从而使交通阻塞减少.于是证明当 M25 公路系统繁忙时能进入的车辆数,以每小时 50 英里为速度极限比以每小时 70 英里为速度极限来得高.

在像 M25 那样繁忙的高速公路上,任何时候都可能有几百个脉动沿高速公路经过.每一个驾驶员对脉动的反应是不同的,但是一个很小心的驾驶员实际上可能过度反应而减速到很大程度,使他后面的车可能太靠近而不得不完全停住.这就是交通阻塞的开始.高速公路上一辆停住的车好像微型红绿灯.到达率是每秒来到停住的车后面的车辆数.服务率是每秒能从起步达到巡行速度的车辆数——总是比到达率低(特别在寒冷的早晨,10 辆车中有一辆会在恐慌中抛锚).这就是为什么一个旅行者由于在第 21 交叉点只是稍晚一会儿发现拐弯处而似乎无关紧要地刹了一会儿车之后,整个高速公路会完全停止通行的原因.

购物排队

几乎和高速公路排队同样产生受挫现象的是超市排队.超市的数学与道路的数学有大量共同之处.如果你在星期五下午4:30来到塞恩斯伯里超市,你可以在20分钟内完成购物任务.但是如果在下午5:30到达,突然你需要在购物上花费1小时.原因何在呢?部分当然是因为你在拼命地试图避开信步走来的人向着罐装西红柿走去时必须带着你的手推车做碰撞游戏,但是主要是因为你在排队付款时为等候花费的时间长得多.这时店中顾客较多,所以到达率较高,而结账营业员的服务率可能仍旧一样.

超市当然比市内交通设计者占有优势,因为如果顾客数上

升,超市可以开启更多的现金出纳机——这相当于开辟另一条具有自己的一套红绿灯的道路,并提高它的服务率.超市还能为仅有一只购物篮的顾客开设"简易快捷结账台",以克服某些受挫现象.

古怪的排队事实

- 在 11 月的一个典型的日子,518 000 辆车在一次交通阻塞中停在 M25 高速公路上.在这样的一天,M25 交通阻塞中有 29 人年(man years)[1]花费于等候.这条高速公路上最长的排队曾经超过 20 英里.

- 在俄国,排队曾经常常是生活中的重要部分,以致如果一个俄国人看见有人排队,他会立即排进去,然后再问排队为什么.

- 排队论中的最简单公式是用于 T 分钟后排队中的车辆数的.公式是 $N = (A-S)T$,其中 A 是每分钟到达数,S 是每分钟离开排队数(S 叫做服务率).

- 排队的英文原名 queueing(用如此拼法时)[2]是唯一有五个连续元音字母的英文词.

有趣的是,虽然有一个普通付款台和一个简易快捷结账台对每个人来说似乎是更公平的,但是这种安排实际上使花费于排队的平均时间比所有付款台都相同时要长些.原因是有时可能没有简易快捷顾客,使这个结账台形同虚设.因为现金出纳机的选择现在对于多数顾客来说是受限制的,所以现金出纳机的总使用较欠有效.但是吃亏的是家庭购物者.

不可能的超越……

在本章开始时,我们考察了布赖恩的情况,他发现自己如果

---

[1]　人年指一个人一年完成的工作量.——译者注
[2]　这词也可拼写成 queuing.——译者注

在 7:30 离家上班,路上时间是 30 分钟,但如果晚 10 分钟,在 7:40 离家,路上时间是 50 分钟.布赖恩一直在想这事.他曾发现,如果离家不是晚 10 分钟而是晚 1 小时(8:30),路上时间只需 20 分钟.因此可能你离家愈晚,到达目的地所需时间愈少.布赖恩怀疑,这是否意味着可能找到早上的一个时间,使他离家晚 1 分钟时,他就能大大缩短路上时间,使他实际上早 1 分钟到达? 这是懒惰的上下班者的梦! 或许你能向他解释他的逻辑错在何处.

第 *17* 章

为什么淋浴太热或太冷?

从话筒尖叫到人口爆炸

你在夜间去一个大城市旅行,决定住进廉价旅馆.当你发现卧室的电视机需要拍两下才能获得稳定的图像时,当你将窗帘拉开,发现你的房间俯瞰着公共汽车站时,你知道自己作了错误的决定.然而最差劲的是,当你爬进淋浴间,把水打开时,你马上跳了出去,因为一注冰冷的水打在你的脸上.

在摸索着恢复原状时,你把水龙头旋到"热",试试水温,发觉只是微温,于是你把温度调到"最大".最后你宽慰地舒了口气,因为水温达到了令人愉快的程度,但是当你开始擦肥皂时,温度突然上升得越出舒服范围,到达灼热点.你把控制器按下,水仍旧太热,于是你迫使它达到"最小".很快水又冷了,你把过程倒转.你已经进入热/冷循环,只有当你最后爬出淋浴间,一面诅咒着住进这旅馆的日子时,这循环方才中止.

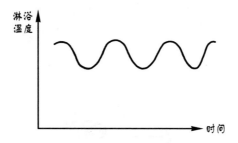

为什么旅馆的淋浴从来不在恰当的温度上? 这问题的解释把淋浴与虫灾、经济衰退、自动驾驶仪和尖叫的话筒联结起来.这完全归因于反馈,或一切事物的基本相互联系.

作用和后果

如果有人发怒,打人一拳,他一定预料到会被人回打一拳,否则就太天真了.是数学家牛顿(Newton)首先认识到每一作用有反作用,虽然他当时讲的不是酒店斗殴.牛顿指的是物理力,但作用和反作用的原理几乎适用于任何情况.如果反作用对发动作用的

人有影响,这叫做反馈.输入(第一拳)引起反应(反馈是回打的一拳),这反应对输入者有直接影响(他决定打出更重的一拳).

事实上,这是正反馈的例子,虽然当时可能并不给人很正的感觉.正反馈就是对作用的反应使初始作用增大.如果你曾经听到摇滚音乐会上话筒突然发出刺耳的尖叫声,你听到的就是因话筒(输入)太靠近扬声器(输出)而产生的正反馈.扬声器反馈到话筒.

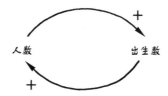

正反馈也出现在人口增长中.

较多人口意味着较多孩子,较多孩子意味着更多人口,更多人口意味着更多孩子.所有这一切会导致……

指数增长

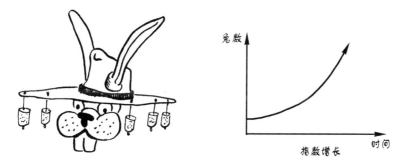

如果人口数不大,人口增长率常与人口规模成比例.这意味着增长将是指数式的.事实上不仅如此,人口规模曲线将属于一个很特别的公式 $P = P_0 e^{Bt}$,这里 P 是人口规模,P_0 是起始人口,B 是出生率,t 是时间.数字"e"稍小于 2.72,是像 π 和 Φ 那样的特殊数

之一,它到处出现(参阅下面的楷体文字).

指数百合花

在一个乡村池塘中,百合花生长得很快,使它们覆盖的面积每天增加一倍.30 天后,长满了整个池塘.池塘只被百合花覆盖一半时是多少天后?

这个古老谜题的答案当然是 29 天.这是指数增长的戏剧性效果.在这情形中,池塘被百合花覆盖的面积是具有 $A = e^t$ 形式的公式,这里 t 是天数,A 是覆盖面积.

有关 e(2.71828182845…)的奇特事实

- 如果你用两副普通纸牌玩"呼同"牌戏,纸牌发完而没有一对相同的牌同时翻出的机会几乎正好是 $\dfrac{1}{e}$.

- 挂在花园内的晾衣绳形成一条曲线,它的公式是 $\dfrac{1}{2}(e^x + e^{-x})$.

- 用来计算 e 的最漂亮的公式是

$$1 + \frac{1}{1!} + \frac{1}{2!} + \frac{1}{3!} + \frac{1}{4!} + \cdots,$$

这里! 表示"阶乘"(3! $= 3 \times 2 \times 1$).可将这公式与 π 的一个同样漂亮的公式(第 9 页)比较.

- 首先研究 e 的性质的是欧拉,正是他解决了哥尼斯堡桥问题(第 15 页).事实上 e 被称为欧拉数,虽然 e 是欧拉的首字母是一种巧合.

指数增长是澳大利亚在兔的总数中经历过的.兔被引进澳大利亚,是因为农民希望有东西供射击取乐.不幸的是,澳大利亚的环境太中兔的意了,以致没有多少年,兔就成了国家的公害.

假如听任指数增长进行下去而不加节制的话,世界很快会垮掉.幸而别的因素限制了种群增长.这些因素就是负反馈.

负反馈和控制

当驾驶员把车开到接近右向急转弯处时,他的本能叫他把方向盘向右猛转.方向盘的转动是他的输入.他的眼睛现在供给他反馈.如果他没有把方向盘转足,他的头脑就发送信息到他的手,以进一步转动方向盘.但是如果他把方向盘转得太过,头脑发送的信息就使他在相反方向作出改正.一个健康、警觉的驾驶员是反应很灵敏的,他会使方向盘很迅速地恰好处于正确的位置.方向盘位置的调整大致如下图所示:

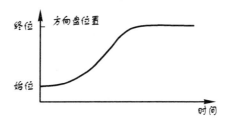

注意它是如何地迅速转移到正确水平的.一个见习驾驶员可能稍

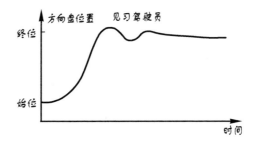

微转得太过,引起在正确位置附近的小涨落,这涨落很快衰减到零(参阅上页的第2幅图).

这是具有内在负反馈的系统的例子,这系统使驾驶员可以将方向盘从一个叫做稳态的固定位置移到一个不同的位置.负反馈用于方向盘转得太过时.然而,如果负反馈机制调整错误,后果并非总是如此平静的.在有浓雾时,就会发生这种情况.

在这情形中,不仅可能由于驾驶员未认清转角的存在而稍有延迟,而且他的反应也可能过分.他比较可能在转动方向盘时转得太过,而一旦发现自己转得太过,也比较可能过度反作用.下面图示的就是过度反应的一例.

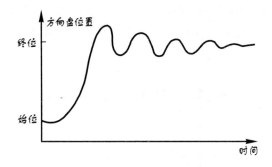

在这情形中,结果是愉快的,因为驾驶员终于使转动达到正确的程度.然而错误的反作用水平会使驾驶员对车失去控制.

狐和兔

让我们回到野外,在动物种群规模中,可以看到与适用于汽车驾驶员的曲线相像的曲线.澳大利亚兔的总数指数式地增长,因为那里没有捕食兔的动物.要是有足够多的狐使兔的数量减少的话,兔的总数将会大大不同.

捕食者是限制动物数量的主要因素之一.另一因素是食物.通

常动物总数愈多，每头动物分享的食物将愈少.食物愈少，饥饿愈甚，因而死亡率愈高.这就是所谓负反馈圈.

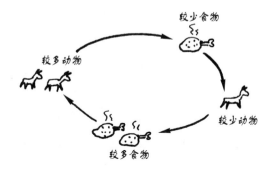

可是捕食者的情况如何呢？它们的食物或捕获物是别的动物.在这情况下，捕食者为了生存，希望吃尽可能多的捕获物，但是如果它们吃得太多，它们最后会使自己丧失食物来源.必须设法加以控制，防止捕获物过度减少.

要弄清楚捕食者和捕获物总数的变化情况，最容易的方法是创造一个人造世界，其中只有两种动物生存着，即狐和兔.在这世界内，兔是狐吃的唯一食物.

为这世界作出模型的一个方法是创立狐和兔的出生率和死亡率(即每月出生和死亡的动物数)的公式.每月狐数 F 和兔数 R 的一对高度简化的公式可能是：

$$新\ F = 旧\ F \times B_f - \frac{F \times D_f}{R},$$

$$新\ R = 旧\ R \times B_r - F \times D_r \times R.$$

旧 F 和旧 R 是上月的总狐数和兔数.新 F 和新 R 是本月的狐数和兔数.B_f 和 B_r 是狐和兔的月出生率(按每月每动物新生幼畜计),D_f 和 D_r 是狐和兔的自然死亡率.

这两个公式是以常识为依据的.就狐而言,如果狐数增多或兔数减少,因为两者都意味着每头狐能吃的食物减少,结果都是使狐的死亡数上升.就兔而言,当狐数上升时,兔的死亡数上升.

这两个公式导致一个循环.在起始点,狐可能吃掉大量兔,所以在兔数下降的同时,狐数上升.然而在经过一段饱食时期之后,由于为有限的食物供给相互竞争,狐将开始死于饥饿,所以狐和兔的总数都将下降.当狐数达到最低点,兔数恢复,不太久狐数就能重又增多.虽然确切的模式依赖于狐和兔如何迅速地繁殖和死去,两种动物的总数可能涨落得如下图所示：

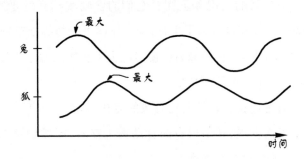

狐数和兔数的涨落

下表说明如果将表中数字代入我们的公式中,狐数和兔数如何涨落.故事从 100 只狐和 100 只兔开始.注意在第 2 个月后兔如何经受剧降,而第 8 个月后狐数如何骤跌,这时兔数已经重新开始上升.

月次	狐数	兔数
0	100	100
1	110	90
2	120	78
8	100	23
16	14	39
24	18	126
32	54	290
40	178	125

公式中所用出生率和死亡率的值是:

$$B_f = 1.2, D_f = 10, B_r = 1.2, D_r = 0.003.$$

另一种了解狐数和兔数变化情况的方法是标绘出这两个数随时间变化的对照图.如果两个数稳定地涨落,像在上图中那样,则狐数和兔数将作循环运动如下图所示:

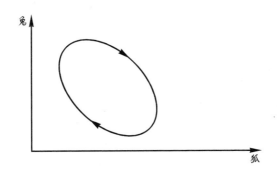

在有些时候,兔数似乎在永恒下降中,但当狐数下降时,兔数的下降就突然停止.

自然界似乎很适应于能展示这个循环的一些大变化.例如,一个极冷的冬天可能杀死远多于平时的狐,但结果是剩余的那些狐在第二年将有更多的兔供给它们吃,因而它们的生长率将会更强些.在大多数情况下,稳态恢复.如果不恢复,则将产生两个长期效应之一:或者由于缺少捕食者而数量剧增,就像澳大利亚兔那样,或者数量永恒下降,导致灭绝.看来对于以这种方式展示循环有最大影响的两个因素是:像被认为曾经消灭恐龙的陨星那样的环境灾难,和人类干涉.

1988 萧条:"热水龙头"开得太厉害?

1989 年,英国原本繁荣的经济突然变坏.一种解释是 1988 年经济过热.所有指标(例如就业和通货膨胀)看来稍偏于冷的一边,所以财政大臣认为可以通过进一步降低利率和税率使经济稍稍促进.可是他没有意识到,像旅馆内的淋浴一样,经济繁荣(热水)已经来到,而他把它烧得更热.结果是经济温度超过正常,到了很高的程度.当英国吸收输入时,出现支付赤字的大差额,这时大臣别无选择,只得大大提高利率,来猛关冷水龙头.随之而来的是经济急转直下,所有这一切都是由于政府所假定的经济热水箱的反应能力高于事实所证明的程度.

时滞和淋浴

那么如何解释前述冷热淋浴问题呢?淋浴有一个反馈系统.输入是你转动热/冷水龙头达到的程度.于是你的皮肤感觉到输出,即水温.如果水温太低,你就相应地调整龙头.这就是反馈.

问题几乎肯定在于洗淋浴者错误地解释他所获得的反馈.他

假定他所感觉到的水温与他转动龙头的程度有密切的关系.然而事实是热水箱可能在一段距离之外,这意味着转动龙头以提高水温与感觉到结果之间是有时滞的.

这时滞与狐的死亡的时滞相似.狐并非在兔群消失时立即死亡,而是在一个月左右之后.如果洗淋浴者不小心,他会发现自己在与狐和兔相同的循环中.

一个过度反作用系统的最使人烦恼的例子之一是媒体.不久前有一次,一个新闻故事在几天内发展起来.人们不大要求立即加以分析,因此报告者能够在提出自己的意见前将故事节录.于是几乎立即有人对故事和有关各方的反应进行分析.结果可使故事似乎从一个极端到另一极端振荡起来.关于灾难的报告一般总是从估计不足("至少 50 人死亡……")上升到估计过高("多达 400 人现在恐怕已死……"),然后在两者之间的某处达到最后的稳定答案("现在知道 241 人遇难……").

社会创造了一个失控的系统,现在成了这系统的牺牲品.任何聪明的洗淋浴者都知道这问题的解.如果在转动龙头之前停下来想一想,你会较快地得到正确的答案.

第 *18* 章

我如何能准时安排好进餐?

关键路径和其他程序问题

让我们来谈谈食物和节约燃料的烹调!

这是 1941 年 11 月《大众妇女周刊》一篇文章的大字标题.避免任何浪费,特别是在厨房中,是战时运动的一部分.

甚至吐司也在战时努力中起过作用.

吐司？另外一种杂志上出现一则广告,它告诉家庭主妇们如何更有效地做三片吐司.史密瑟斯(Smithers)夫人有一具煤气烤架,它能烤两片吐司,一次烤一面.

史密瑟斯夫人想烤三片吐司,一片给老的,一片给小的,一片给自己.做三片吐司(为方便计,我们称它们为 A、B 和 C)的明显方法如下:

将 A、B 两片放在烤架下面,烤上面	(30 秒)
翻转后烤另一面	(30 秒)
取下 A 和 B,放入 C	(30 秒)
翻转 C	(30 秒)

烤的时间总计 2 分.但是等一等！研究者们发现这方法中有一些效率低的地方,经过少许重新组织,可使史密瑟斯夫人做吐司所需能量削减 25％:

将 A、B 两片放在烤架下面,烤上面	(30 秒)
翻转 A,取下 B,代之以 C	(30 秒)
取下烤好的 A,代之以 B,翻转 C	(30 秒)

三片吐司完全烤好只用了 90 秒.

英国国内受到过调度艺术和关键路径分析即"如何以尽可能

短的时间完成你的计划"方面的教育.事实上那时不叫关键路径分析——这名称在 20 世纪 50 年代前是没有的,但是任何必须以几道程序安排好进餐的人都知道,如果要使所有操作都在喝茶时间前完成,这些操作的顺序是有正确和错误之分的.

搞正顺序

有些事情做起来只有一个可能的顺序.例如,每个孩子知道先穿袜,后穿鞋.穿鞋和穿袜是序贯动作,鞋依赖于袜.

然而,另外有些日常事务做起来是要选择顺序的.例如在洗澡时,就有下列选择:

A　先脱衣服,再开龙头

B　先开龙头,再脱衣服

如果你选择 A,不会出事.然而这样你洗澡的时间稍晚.如果脱衣服需要 2 分钟,洗澡需要 10 分钟,则 A 项选择共需 12 分钟,而 B 项选择只需 10 分钟.这是因为脱衣服和洗澡并非互相依赖,而可以平行地从事.

区分序贯事务(例如先将壶盛水,再使它通电)和能平行地做的事务(同时听广播新闻和熨烫衣服)是料理家务的核心.在较大规模上,序贯事务和平行事务是整个工业中规划经理所用的关键路径分析的重要部分.

桥问题

4 个人需要过步行桥,去赶乘在不到 16 分钟的时间内即将开行的末班火车.但是有个难题.这桥只能同时负载两个人.因为有危险,过桥的人必须一直举着火炬,两人一起用走得较慢者的速度过桥.

詹姆斯(James)能在 1 分钟内过桥.

基思(Keith)能在 2 分钟内过桥.

拉里(Larry)能在 5 分钟内过桥.

米克(Mick)很胆小,过桥需时 8 分钟.

4 个人如何能都及时过桥赶上火车？他们只有一个火炬,火炬只能用手举,不可抛掷.如果米克和比如说基思一同过桥,然后米克举着火炬回到其他人身边,这样共需 16 分,已经错过了最后期限.

答案可能看来是反直觉的:

詹姆斯和基思先过桥(2 分)

基思举火炬返回(2 分)

拉里和米克同过桥(8 分)

詹姆斯举火炬返回(1 分)

詹姆斯和基思同过桥(2 分)

他们在 15 分钟内过了桥.

肉馅土豆泥饼和关键路径

这里是一个规划的例子.肉馅土豆泥饼是一个单身汉在掌握了青豆加吐司的做法之后逐渐学会做的膳食.史蒂夫(Steve)决定今晚做肉馅土豆泥饼,但因还有很多事要完成,他请住同一公寓的克雷格(Craig)来帮忙.电视转播足球赛将在 40 分钟后开始,他们希望在那时之前把食物做好.他们有两个煤气搁架和一只烤炉,还有一只长而深的油炸锅、一只蒸煮锅和一只焙盘.

两个小伙子在厨房里要做的事和每件事所需时间如下(其中有些时间是可争议的,不过我们假定这是史蒂夫的烹饪法和时间表,而且他是严格照做的):

A　准备土豆(洗、削皮等)　　　7 分

B　煮水　　　3 分

C　用水煮土豆　　　17 分

D	捣碎土豆成泥	3 分
E	切洋葱(并洗眼睛)	4 分
F	炸洋葱	3 分
G	使肉馅呈棕色	5 分
H	在肉卤方块中加沸水 并倒入肉馅中	2 分
I	炖肉馅,放入焙盘	11 分
J	将土豆泥涂匀在肉馅上	2 分
K	加热烤炉	5 分
L	将饼放入烤炉内烤	8 分

这里有两道主要的工序,一道用于肉馅,另一道用于土豆.它们是可以平行从事的.

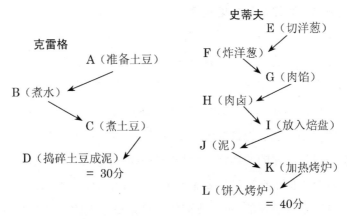

初看起来,似乎这顿膳食将在 40 分钟最后期限内做好.可惜有问题.事务 J(在肉馅上涂土豆泥)只有在土豆泥做好(D)时才能做.尽管史蒂夫在开始烹饪后过了 25 分钟就达到 J,可是土豆泥要到 30 分时才做好.所以事实上土豆饼至少需要 45 分钟才能做

成.这时足球赛已经开始了!

这是关键路径分析的经典例子.那么史蒂夫和克雷格如何才能迅速地做好肉馅土豆泥饼呢?

有一个解决问题的方法,如下图所示.诀窍是先区分序贯事务和平行事务.在这例子中,共有五个不依赖任何其他事务的事务.它们是 A(准备土豆),B(煮水),E(切洋葱),G(使肉馅呈棕色),K(加热烤炉).这些事务排列在图中左边,在它们右边的事务都依赖于前面的事务.

肉馅土豆泥饼的关键路径

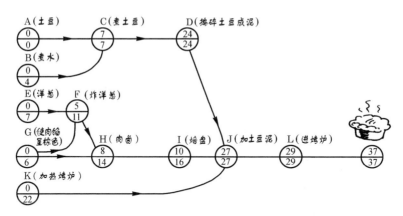

每个圆圈上半部分内的数字表示一项事务能开始的最早时间,下半部分内的数字表示能开始的最晚时间.最早时间是根据自左至右完成各项事务的时间得出的.于是最晚时间可从做成饼倒推算出.

例如,煮水(B)可从 0 分钟后开始,因为在这之前不需做什么事务.不耽误这一餐的最晚开始煮水时间是 4 分钟(圆圈下半部分内的数字).

这里的相互关系是不同的,例如 H(肉卤混合料)必须在水煮沸(B)后才能用.使肉馅呈棕色和炸洋葱孰先孰后都可以,但在史蒂夫的烹饪法中,它们不能同时进行.合理的步骤是先使肉馅呈棕色,因为在肉馅变成棕色的过程中可以切洋葱.

依次进行整个过程直至土豆泥饼烤好,结果发现这一餐的烹饪工作可以在 37 分钟的最短时间内完成.然而,如果要不超过这个 37 分钟的最后期限,那么有一系列事务的最早和最晚可能开始时间应是相同的(见上页图).这个系列是:准备土豆,煮土豆,捣碎土豆成泥,加土豆泥于肉馅,将做成的饼放入烤炉.

这是关键路径.这个系列中任何事务的任何延迟都将延迟肉馅土豆泥饼的完成.另一方面,这关键路径中任何能加快的事务都将缩短烹饪时间.史蒂夫在准备土豆时如果比正常情况稍多削去一些肉或者留下一些皮,就可以用不了 7 分钟.这一工序上减少 4 分,将使整个烹饪时间缩短到 33 分钟.

有一个稍微复杂的情况是关键路径图所没有考虑进去的.在同一时间,5 个事务一起进行着:A、B、E、G 和 K.这在只有两名厨师的条件下是不可能的.然而炸洋葱和使肉馅呈棕色不是专职活动,而且它们也属于这一餐的"松散"部分(不在关键路径上),所以实际上两个小伙子可以混得过去.由于关键路径分析的奇妙,他们是能够观看足球赛的.

减少等候时间

有时改变事务顺序对完成全部事务所需时间并无影响.然而这并不意味着顺序是无关紧要的.

有一天,一位外科医生要为五个病人施行手术.病人的手术性质不同,所需时间也不同.病人的手术时间如下:

病　　　人	手术时间
A　亚当（Adam）	30 分
B　巴巴拉（Barbara）	120 分
C　克莱尔（Claire）	90 分
D　戴维（David）	80 分
E　厄尼（Ernie）	75 分

不论医生完成五个手术的顺序如何,总时间是一样的,所以他不能指望在下午去打一场快高尔夫球了.然而顺序将影响每个病人的平均等候时间,因此他仍能影响病人对他的满意程度.

假定外科医生决定按 A、B、C、D、E 的顺序施行手术.因为 A在手术室中需 30 分,B 在轮到她之前必须等候 30 分.在 A 和 B 经受手术后,时间已经过去了 150 分,这就是 C 的等候时间.D 必须等候的时间共计 30＋120＋90 分,而 E 则是 30＋120＋90＋80 分.

A、B、C、D 和 E 的等候时间是:

病　　　人	等候时间
A　亚当	0 分
B　巴巴拉	30 分
C　克莱尔	150 分
D　戴维	240 分
E　厄尼	320 分

每个病人的平均等候时间算下来是 $\dfrac{740}{5}=148$（分）.

试将顺序改变,使手术时间最短的病人排在第一,次短的排在第二,以此类推,看看会发生什么结果.现在外科医生的手术顺序是 A、E、D、C、B.

病　人	手术时间	等候时间
A　亚当	30 分	0 分
E　厄尼	75 分	30 分
D　戴维	80 分	105 分
C　克莱尔	90 分	185 分
B　巴巴拉	120 分	275 分

现在每个病人的平均等候时间只有 119 分,而不是 148 分了.病人的满意程度已经提高,医生所必须做的一切是更好地依次安排他的病人.

大规划

史蒂夫的肉馅土豆泥饼和外科医生的手术排序是许多大规划的小规模版本.建设规划、制造过程和军事行动——事实上包含着同时进行的许多活动的任何规划——现在都依赖于一个运用关键路径分析的规划经理.他几乎肯定要借助于计算机.

除了我们考察过的简单例子外,有许多复杂情况使计算机的力量成为必要的.例如,要是史蒂夫和克雷格在烹饪中的一个时刻需要三个煤气搁架,会怎么样呢? 那些事务就必须重新排序来适应这情况.或者假定史蒂夫的妈妈有一个习惯,每天晚上大约这时候要来电话.要是她今晚来电话了,就将使史蒂夫的一部分烹饪工作慢下来.史蒂夫的妈妈是一种风险,真的应该在规划的设计中考虑进去.在建设工地上,与史蒂夫的妈妈相当的风险可以是例如坏天气.

老练的规划设计者能在作关键路径分析时将风险考虑进去,并通过更有效地安排事务,可能削减规划成本 25％.不妨想一想,要是安纳卡·赖斯(Anneka Rice)能够运用规划设计程序,她就决不会遇到当乐队进入花园开始举行儿童聚会时漆工们还在加最后一道漆的那些危机了.但在那时,这就像把观众粘牢在座位上的戏剧一样.最好的电视剧包含着危机.

第 **19** 章

我如何能使孩童们快乐?

数字可以是奇妙的

　　开始向孩子们讲一门课程的最好方法之一是用一些有趣的东西去吸引他们.没有什么比魔术更好地达到这目的,而且很难发现一个不满 11 岁的孩子是不喜欢看魔术的.事实上,大多数成年人同样隐隐地被魔术迷住.数学中充满着可用作魔术基础的奇特之处.或许这就是很多魔术师也喜欢数学的原因,而刘易斯·卡罗尔(Lewis Carroll)这位大数学家和儿童文学作家也喜欢魔术和谜题,就不是什么巧合了.也许更多的数学教师应该成为魔术师.

这里选了一些魔术.它们在使孩子们快乐时都是成功的,但对于成年人也往往有效,事实上第一个魔术曾在一个管理会议开始时用过.这是有关管理技能的认真的会议,但会议结束时一位理事说:"我有一个问题……你能否解释你在会议开始时是如何玩那个魔术的?"

魔术 1:动物魔术

你现在要让你的脑子读数.你必须能用九倍表,并做一些简单的加法和减法.

- 想一个在 1 与 10 之间的数.不要告诉我.
- 把它乘上 9……你得出答数了吗?
- 现在你的答数大概是一个两位数.请将个位数与十位数相加,得一新的答数(例如,假如这数是 25,两位数相加 2+5,得 7).
- 好,从这新答数减去 4,得你的最后数.
- 现在把这最后数变成一个字母:1 是 A,2 是 B,3 是 C,4 是 D,以此类推……
- 想出一个以你这字母开始的动物.
- 想好了吗? 现在你想出的动物是……象.[1]

这是令人惊异的.但这是怎么回事呢?

道理很简单:所有一位数乘上 9 后,所得两位数的个位数与十位数相加都得 9.18,27,36,45……莫不如此.(事实上,除 11 外,20 以下的数乘上 9 后,所得数的各位数相加也一样.)这意味着助手所得的数必然是 9,所以当他减去 4 后就得到 5,变成字母就是 E.你知道多少以 E 开始的动物呢?

---

[1] 象的英文 elephant 以字母 E 开始.——译者注

魔术 2：反心理魔术

从一副纸牌 52 张中取出 7 张.(如果它们是同花连号,可能最好,例如红桃 A,2,3,4,5,6,7.)请你的助手核实它们是普通纸牌.现在请她洗牌,然后将 7 张牌取回,你再自己洗牌.暗暗地看清这一叠牌中最下面一张——假定它是红桃 A.

现在告诉助手你有强心理力量,使你能防止她取出红桃 A.把这叠牌给她(面朝下),请她想 1 至 6 之间的任何一个数.假定她选取的数是 4.现在叫她从这叠牌的上面起数出 3 张牌,一次一张,放到下面,然后将最上面的牌翻转.预言这张牌不是红桃 A,事实证明它果然不是.请她把这张牌面朝上放到这叠牌的下面,再重复地做,即从上面起数出 3 张牌,一次一张,放到下面,再翻转第 4 张.这套动作她共做 6 次,每次她翻转的牌都不是红桃 A.现在只剩一张牌面朝下,你告诉她,你照例能使所选的牌不到最后时刻不出现.这时你翻转这张牌,显示出它是红桃 A.

魔术 2 中的素数

这一纸牌魔术中的唯一要求是这叠牌的张数是素数.在这例子中是 7,但这魔术对于 3、5 或 11 张牌同样有效(要是数目更大,就开始有些沉闷了).如果这叠纸牌数是 N,你请助手选取 1 与 $N-1$ 之间的一个数(纸牌数是 11 时,助手选取的数在 1 至 10 之间).

假定助手选取 4,这叠纸牌数是 11.你必须加 4 多少次才能得到 11 的倍数? 试试看.4,8,12,16,20,24,28,32,36,40,44,共 11 次.如果助手选取 6,情况怎样? 6,12,18,24,30,36,42,48,54,60,66,又是 11.事实上永远是 11.只要纸牌数是素数 P,到达这叠牌最下面一张所需要的循环数总是 P——换言之,最后翻转的牌总是最下面一张.对于任何熟悉素因子原理的人来说,这个结果可能明显得令人目眩,但是它制造的魔术,甚至当着数学家的面表演起来,也是惊人地有效!

魔术 3:数字预言

这是另一个以简单数学原理为依据的"心理"魔术.准备 4 张卡片,你在上面写有下列数字:

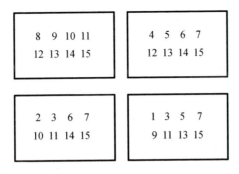

请你的助手选取 1 至 15 之间的任何数字.然后把这 4 张卡片一一出示给他,问卡片上有没有他的数.于是你立即揭示他的数是

什么.

　　这魔术的秘密是简单的.把助手说有他的数的卡片左上角数字相加.例如,若他选13,这数出现在第一、二、四张卡片上,你将8、4和1相加,得13.

　　孩子们喜爱这魔术,因为他们可以很快地自行设计制成卡片,然后对他们的父母试验这魔术.这魔术也是作为计算机基础的二进制数(参阅下面的楷体文字)的良好入门.

二进制数

　　在魔术3中,数字13以"是,是,否,是"的模式出现在四张卡片上.数字8是"是,否,否,否".在二进码中,"是"表示成1,"否"表示成0.数字13在二进码中是1101,4是0100(实际上你可去掉前面的0得100).二进制数的计算与寻常数完全相同,只是每位数的单位不是个,十,百,千等,而是1,2,4,8,16等.

　　为什么计算机用二进制数而不像我们中的其余人那样用十进制数呢?主要原因是简单性.十进制数要求我们学十个不同的数字,但二进制数极方便,因为它们只需要两个数字.这也意味着它们是容易用电子方式表示的:"通"是1,"断"是0.

魔术4:魔方

　　准备这魔术时,首先,把这魔方复制成一件大的,并拿好四支不同颜色的颜色笔(比如说红的、蓝的、绿的、黄的).其次,在一张纸上写数字39,把它装入封套内.把这封套交给一位志愿者.如果你愿意的话,你可以另外再用四位志愿者.把红笔给这四位志愿者中的第一位,请他选择任何一行,并用红笔画一横线通过这行.现在请他选择任何一列,并用红笔画一竖线通过这列.

12	8	5	9
17	13	10	14
11	7	4	8
13	9	6	10

第二位志愿者拿蓝笔,他可以自由选择把剩下的任何一行和任何一列画掉.接下来是绿笔.黄笔只能画过唯一剩余的行和列.

强调所作选择是完全自由的.现在将两条红线相遇、两条蓝线相遇、两条绿线相遇和两条黄线相遇处的正方形中的数字相加.这总数将是 39,现在你可以请手拿封套的志愿者把封套打开,揭示你的预言！

这魔方是怎么做成的呢？把这些数放在格栅外面.注意它们加在一起得 39.

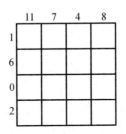

现在将每一方格用所在列顶端的数字与所在行边上的数字相加所得数填入.这就产生魔方.颜色笔线相交的地方保证从每一行和每一列各选取一数,所以总计数必然与用来做成魔方的数字的总和相同.

你可以照此做成一个魔方来配合你所想望的任何"魔"数.如果你有一位亲戚即将过 50 岁生日,你可以为他做一个特殊的生日魔方,只要使格栅周围的数字加起来得 50,这魔方就总是产生

50 这个数.你设计的魔方能呈现你亲戚的年龄,这一定是符合他的意愿的.

魔术 5:讨厌的成分,精美的结果!

这魔术需要一只计算器.

准备 5 张卡片,每张上面写着你所谓的"讨厌"数字.这些讨厌数字是 3、7、11、13 和 37.你解释说,在生活中你往往可有许多讨厌的事情要做,但最终却是有意义的,因为结果可以很刺激.请一位志愿者把卡片弄乱.现在请她想一个在 1 至 9 之间的任何数字.请她取出一张卡片,把她的秘密数字与卡片上数字相乘.现在让她取出另一张卡片,把原来所得结果与这张卡片上的数字相乘.对所有的卡片重复这过程.在她按下"="按钮前,告诉她:她的秘密数字即将突然出现在她眼前许多次.果真如此,如果她的数字是 5(比如说),这结果就是 555 555.

所以如此是因为 $3×7×11×13×37=111\ 111$.3、7、11、13 和 37 恰巧都是素数——它们被称为 111 111 的素因子.当然,不管你以什么次序把它们相乘,它们总是产生这有趣的数字.如果它们被

乘以 1 至 9 之间的任何数,所选的数将在答数中出现 6 次.

这魔术有两种变形.开始时你可以只用 3 和 37 两张卡片.把它们与志愿者的数字(比如说它是 5)相乘,结果是 555.

其次你可以只用 7、11 和 13 三张卡片,请志愿者想一个在 100 至 1 000 之间的数字(比如说 123).把所有这些数乘在一起,得到助手的数字两遍,即 123 123.

于是前述用全部五张卡片的魔术可作为"最后一场".孩童们通常是印象很深刻的.

魔术 6:倒转数

这魔术也需要一只计算器.

- 请助手想一个在 100 至 999 之间的数(例如 791).
- 现在将它倒转(197).
- 请助手求出第一个数与它的倒转数的差.这是一个新的数(791 −197＝594).
- 求出新数的倒转数(495),并将两数相加(495＋594).

这时你取出一个封套,里面有你写好的一个数.让助手说出她的最后数是什么,于是打开封套,揭示答数,它总是 1 089.

实际上,要绝对保证这魔术成功,你必须请助手注意使她开始所想的数的首位与末位至少相隔 2(因此例如 128 是好的,但 192 就不行).

这魔术之所以成功,是因为任何三位数减去它的倒转数都是 99 的倍数.要明白为什么,我们可以把这数叫做 abc,也就是 $100a +10b+c$.它的倒转数是 $100c+10b+a$.将第一数减去第二数,得 $99a-99c$,它必然是 99 的倍数.同时,99 的任何倍数,从 198 到 891,当与它的倒转数相加时必等于 1 089.试一试就明白了.

你可以对这魔术加上一个美妙的变化.开始时说你要发给助手一个信息.这魔术的做法和前面一样,但当助手得到 1 089 这个数时,你不是出示封套,而是请她在答数上加 200,将结果除以 10 000,再乘上 6.告诉她现在信息在计算器上了.她看到的是 0.773 4.但这时你就说:"哦,我忘了,这是有关倒转的魔术",所以她需要倒拿计算器.一点不错,这是呼叫词 HELLO(喂).

结束语

我们把有关魔术的一章留到最后是有原因的.魔术表明了数学最重要的实际用途之一,这就是使生活增加趣味.而趣味最终并不一定来自惊奇或意外的结果.这学科的很多刺激来自观察一个模式并问"为什么?"本书中好多章的背后都受到了这种激励.

一些有趣的模式,像巧合章中所讨论的,可以是机会的结果.另外许多是有原因的,像公共汽车三辆同到,或花有五瓣.下一次有人问你什么是数学,不要说它是关于学习乘法表的.数学是学习美丽的模式的,而且我们都喜爱美丽的模式.

参考文献和补充阅读资料

Martin Gardner ,David Wells 和 Ian Stewart 的著作值得特别提及.

Gardner 写过大量趣味数学书,其中 *More Mathematical Puzzles & Diversions* , *Mathematical Circus* 和 *Further Mathematical Diversions* 是特别有用的参考文献.都由 Penguin 出版.

David Wells 写过两本经典数学书.*The Penguin Dictionary of Curious & Interesting Numbers* 修订本最近出版,书中充满着每一个重要数字背后的迷人细节.*You are a Mathematician* 是 David Wells 另一本为我们提供宝贵资源的书.

Ian Stewart 是当代的 Gardner,他在 *Scientific American* 和 *New Scientist* 上发表了许多数学普及文章.他的书 *Nature's Numbers* 和 Conway 与 Guy 的 *Book of Numbers* 对斐波那契与植物之间的联结有较详细的讨论.

我们还要介绍 Darrell Huff 的好书 *How to Lie with Statistics* 和 David Kahn 的 *The Codebreakers*.要更多了解墨菲法

则和为什么它是真实的，可阅读 Robert J. Matthews 的妙文 *The Science of Murphy's Law* (*Scientific American*, April 1997).

我们用过的其他参考文献是：

The Complete Upmanship, Stephen Potter

Silver Blaze, Arthur Conan Doyle

Daisy, daisy, give me your answer do, Ian Stewart, *Scientific American*, January 1995

Elementary cryptanalysis——a mathematical approach, Abraham Sinkov, The Mathematical Association of America 1966

Penrose tiles to trapdoor ciphers, Martin Gardner, Mathematical Association of America 1989

Management mathematics——a user friendly approach, Peter Sprent, Penguin

A guide to operational research, Eric Duckworth, Methuen & Co 1962

Time travel and other mathematical bewilderments, Martin Gardner, W.H. Freeman & Company

Fair division : from cake cutting to dispute resolution, Brams & Taylor, CUP

The classic cake problem, Norman N Nelson and Forest N Fisch, *The Mathematical Teacher*, Nov. 1973

Game theory——a non technical introduction, Morton Davis, Basic Books

A compendium of math abuse from around the world, AK

Dewdney, *Scientific American*, Nov. 1990

A partly true story, Ian Stewart, *Scientific American*, Feb. 1993

Experiments in Topology, Stephen Barr, John Murray

Fundamentals of operations research, R. L. Ackoff & M. W. Sasieni, John Wiley & sons

Taxicob geometry offers a free ride to a Non-Euclid locale, Martin Gardner, *Scientific American*, Nov.1980

Mathematics——exploring the world of numbers and space, Irving Adler, Hamlyn

Encyclopaedia Britannica

For all Practical Purposes——Introduction to Contemporary Mathematics, Various authors, WH Freeman

Mathematics——an introduction to its spirit and use (readings from Scientific American), Various authors, WH Freeman

Life Science Library——Mathematics, David Berganini, Time Life Books

我们也愿意感谢为我们提供资料的下列人士和团体：

The International Tennis Federation (John Treleven), The Royal Institution, The Automobile Assoc, The RAC, Stephen Belcher, The Imperial War Museum, Littlewoods Pools, Camelot, Ladbrokes, National Savings, NOP, The Meteorological Office, The Office for National Statistics, BARB.

索 引

A

B

C

L

M

N

译后记

承上海教育出版社约译此书,在翻译过程中,深感不易胜任.因为作者所称日常生活,包括台球、板球、橄榄球等体育项目,我都不熟悉,特别是赌场之类,更从未涉足,情况隔膜,难免方圆凿枘,望读者谅解.

原书内容有若干错误,除明显的笔误或印刷瑕疵在译稿中径行改正外,并在译者注中适当说明.尚有存疑之处,未予改动.

书后索引有一定的随意性,不仅所选条目缺乏系统,参考页码也欠全面.为尊重作者,未敢改弦更张,而是全部照译,按汉语音序排列,聊胜于无而已.

译者没有学过电脑,虽出版社不拒绝手写稿,自觉不够清晰.幸赖妻子黄连荫代为输入,并由女儿陈为芸、儿子陈为蓬、女婿王志芳、外孙王宝婴协助,得提供打印稿.循原书"志谢"之例,合当附书于此.

值此完稿之际,特向热情举荐的谈祥柏先生,和就原书难字难句多方给予指点的许步曾先生,敬表由衷的谢忱.

读者批评意见请寄出版社转,无任企盼.

陈以鸿

Why do buses come in three?
The hidden mathematics of everyday life
Copyright©2002 Rob Eastaway and Jeremy Wyndham
First published in Great Britain in 2002 by
Pavilion, an imprint of HarperCollinsPublishers Ltd

本书中文简体字翻译版由上海教育出版社出版
版权所有，盗版必究
上海市版权局著作权合同登记号图字09-2016-738号

图书在版编目（CIP）数据

三车同到之谜：隐藏在日常生活中的数学 / (英)罗勃·伊斯特威,
(英) 杰里米·温德姆著；陈以鸿译. — 上海：上海教育出版社,
2018.7
（趣味数学精品译丛）
ISBN 978-7-5444-7734-5

Ⅰ.①三… Ⅱ.①罗… ②杰… ③陈… Ⅲ.①数学－普及读物 Ⅳ.
①O1-49

中国版本图书馆CIP数据核字(2018)第154395号

责任编辑　王耀东　赵海燕
封面设计　陈　芸

趣味数学精品译丛
三车同到之谜
Sanche Tongdao zhi Mi
——隐藏在日常生活中的数学
[英] 罗勃·伊斯特威　杰里米·温德姆　著
陈以鸿　译

出版发行　上海教育出版社有限公司
官　　网　www.seph.com.cn
地　　址　上海市闵行区号景路159弄C座
邮　　编　201101
印　　刷　宁波市大港印务有限公司
开　　本　890×1240　1/32　印张6.5　插页1
字　　数　140千字
版　　次　2018年7月第1版
印　　次　2025年1月第13次印刷
书　　号　ISBN 978-7-5444-7734-5/O·0161
定　　价　38.00元

如发现质量问题，读者可向本社调换　　电话：021-64373213